· EX SITU FLORA OF CHINA ·

中国迁地栽培植物志

主编　黄宏文

HAMAMELIDACEAE
金缕梅科

本卷主编　刘兴剑　彭彩霞　李函润

中国林业出版社
China Forestry Publishing House

内容简介

本书收录了我国亚热带以南地区9个植物园迁地栽培的金缕梅科（Hamamelidaceae）植物17属53种（包括变种）。物种拉丁名主要依据 *Flora of China* 和《中国植物志》第三十五卷第二分册；属和种均按照拉丁名字母顺序排列。每种植物介绍包括中文名、拉丁名、别名、自然分布、迁地栽培形态特征、引种信息、物候信息和生长表现、适合栽培区域、迁地栽培要点、主要用途和识别要点，部分在分类上有疑问的种加入了讨论；并在文内附彩色照片展示其物种形态学特征。为了便于查阅，书后附参与编写植物园迁地栽培金缕梅科植物名录、各植物园的地理环境以及中文名和拉丁名索引。

本书可供农林业、园林园艺、环境保护等相关学科的科研和教学参考使用。

主编简介

黄宏文：1957年1月1日生于湖北武汉，博士生导师，中国科学院大学岗位教授。长期从事植物资源研究和果树新品种选育，在迁地植物编目领域耕耘数十年，发表论文400余篇，出版专著40余本。主编有《中国迁地栽培植物大全》13卷及多本专科迁地栽培植物志。现为中国科学院庐山植物园主任，中国科学院战略生物资源管理委员会副主任，中国植物学会副理事长，国际植物园协会秘书长。

图书在版编目（CIP）数据

中国迁地栽培植物志. 金缕梅科 / 黄宏文主编；刘兴剑，彭彩霞，李函润本卷主编. -- 北京：中国林业出版社，2020.9

ISBN 978-7-5219-0748-3

Ⅰ. ①中… Ⅱ. ①黄… ②刘… ③彭… ④李… Ⅲ.
①金缕梅科—引种栽培—植物志—中国 Ⅳ. ①Q948.52

中国版本图书馆CIP数据核字(2020)第161600号

ZHŌNGGUÓ QIĀNDÌ ZĀIPÉI ZHÍWÙZHÌ · JĪNLǚMÉIKĒ

中国迁地栽培植物志·金缕梅科

出版发行：中国林业出版社
　　　　　　（ 100009 北京市西城区刘海胡同7号 ）
电　　话：010-83143517
印　　刷：北京雅昌艺术印刷有限公司
版　　次：2021年3月第1版
印　　次：2021年3月第1次印刷
开　　本：889mm×1194mm　1/16
印　　张：15.25
字　　数：484千字
定　　价：198.00元

《中国迁地栽培植物志·金缕梅科》编者

主　　　编：刘兴剑（江苏省中国科学院植物研究所南京中山植物园）

　　　　　　彭彩霞（中国科学院华南植物园）

　　　　　　李函润（中国科学院昆明植物研究所）

编　　　委：王　挺（杭州植物园）

　　　　　　黄姝博（上海辰山植物园）

　　　　　　徐文斌（中国科学院武汉植物园）

　　　　　　谷海燕（四川省自然资源科学研究院峨眉山生物资源实验站）

　　　　　　肖春芬（中国科学院西双版纳热带植物园）

　　　　　　梁同军（中国科学院庐山植物园）

　　　　　　殷　茜（江苏省中国科学院植物研究所南京中山植物园）

　　　　　　邹丽娟（中国科学院华南植物园）

　　　　　　孙起梦（江苏省中国科学院植物研究所南京中山植物园）

　　　　　　于　炜（杭州植物园）

主　　　审：顾　垒（首都师范大学）

责 任 编 审：廖景平　湛青青（中国科学院华南植物园）

摄　　　影：刘兴剑　彭彩霞　王　挺　李策宏　黄姝博　肖春芬

　　　　　　徐文斌　李函润　梁同军　孙　伟　张亚洲　谷海燕

　　　　　　邹丽娟　殷　茜　于　炜　刘　冰　朱鑫鑫　葛斌杰

数据库技术支持：张　征　黄逸斌　谢思明（中国科学院华南植物园）

《中国迁地栽培植物志·金缕梅科》参编单位（数据来源）

中国科学院华南植物园（SCBG）

江苏省中国科学院植物研究所南京中山植物园（CNBG）

杭州植物园（HZBG）

上海辰山植物园（CSBG）

中国科学院昆明植物研究所昆明植物园（KIB）

中国科学院武汉植物园（WHBG）

中国科学院西双版纳热带植物园（XTBG）

四川省自然资源科学研究院峨眉山生物资源实验站（EBS）

中国科学院庐山植物园（LSBG）

《中国迁地栽培植物志》编研办公室

主　任：任　海

副主任：张　征

主　管：湛青青

序 FOREWORD

中国是世界上植物多样性最丰富的国家之一，有高等植物约33000种，约占世界总数的10%，仅次于巴西，位居全球第二。中国是北半球唯一横跨热带、亚热带、温带到寒带森林植被的国家。中国的植物区系是整个北半球早中新世植物区系的孑遗成分，且在第四纪冰川期中，因我国地形复杂、气候相对稳定的避难所效应，又是植物生存、物种演化的重要中心，同时，我国植物多样性还遗存了古地中海和古南大陆植物区系，因而形成了我国极为丰富的特有植物，有约250个特有属、15000~18000特有种。中国还有粮食植物、药用植物及园艺植物等摇篮之称，几千年的农耕文明孕育了众多的栽培植物的种质资源，是全球资源植物的宝库，对人类经济社会的可持续发展具有极其重要意义。

植物园作为植物引种、驯化栽培、资源发掘、推广应用的重要源头，传承了现代植物园几个世纪科学研究的脉络和成就，在近代的植物引种驯化、传播栽培及作物产业国际化进程中发挥了重要作用，特别是经济植物的引种驯化和传播栽培对近代农业产业发展、农产品经济和贸易、国家或区域的经济社会发展的推动则更为明显，如橡胶、茶叶、烟草及众多的果树、蔬菜、药用植物、园艺植物等。特别是哥伦布到达美洲新大陆以来的500多年，美洲植物引种驯化及其广泛传播、栽培深刻改变了世界农业生产的格局，对促进人类社会文明进步产生了深远影响。植物园的植物引种驯化还对促进农业发展、食物供给、人口增长、经济社会进步发挥了不可替代的重要作用，是人类农业文明发展的重要组成部分。我国现有约200个植物园引种栽培了高等维管植物约396科、3633属、23340种(含种下等级)，其中我国本土植物为288科、2911属、约20000种，分别约占我国本土高等植物科的91%、属的86%、物种数的60%，是我国植物学研究及农林、环保、生物等产业的源头资源。因此，充分梳理我国植物园迁地栽培植物的基础信息数据，既是科学研究的重要基础，也是我国相关产业发展的重大需求。

然而，我国植物园长期以来缺乏数据整理和编目研究。植物园虽然在植物引种驯化、评价发掘和开发利用上有悠久的历史，但适应现代植物迁地保护及资源发掘利用的整体规划不够、针对性差且理论和方法研究滞后。同时，传统的基于标本资料编纂的植物志也缺乏对物种基础生物学特征的验证和"同园"比较研究。我国历时45年，于2004年完成的植物学巨著《中国植物志》受到国内外植物学者的高度赞誉，但由于历史原因造成的模式标本及原始文献考证不够，众多种类的鉴定有待完善；Flora of China虽弥补了模式标本和原始文献考证的不足，但仍然缺乏对基础生物学特征的深入研究。

《中国迁地栽培植物志》将创建一个"活"植物志，成为支撑我国植物迁地保护和可持续利用的基础信息数据平台。项目将呈现我国植物园引种栽培的20000多种高等植物的实地形态特征、物候信息、用途评价、栽培要领等综合信息和翔实的图片。从学科上支撑分类学修订、园林园艺、植物生物学和气候变化等研究；从应用上支撑我国生物产业所需资源发掘及利用。植物园长期引种栽培的植物与我国农林、医药、环保等产业的源头资源密切相关。由于受人类大量活动的影响，植物赖以生存的自然生态系统遭到严重破坏，致使植物灭绝威胁增加；与此同时，绝大部分植物资源尚未被人类认识和充分利用；而且，在当今全球气候变化、经济高速发展和人口快速增长的背景下，植物园作为植物资源保存和发掘利用的"诺亚方舟"将在解决当今世界面临的食物保障、医药健康、工业原材料、环境变化等重大问题中发挥越来越大的作用。

《中国迁地栽培植物志》编研将全面系统地整理我国迁地栽培植物基础数据资料，对专科、专属、专类植物类群进行规范的数据库建设和翔实的图文编撰，既支撑我国植物学基础研究，又注重对我国农林、医药、环保产业的源头植物资源的评价发掘和利用，具有长远的基础数据资料的整理积累和促进经济社会发展的重要意义。植物园的引种栽培植物在植物科学的基础性研究中有着悠久的历史，支撑了从传统形态学、解剖学、分类系统学研究，到植物资源开发利用、为作物育种提供原始材料，及至现今分子系统学、新药发掘、活性功能天然产物等科学前沿乃至植物物候相关的全球气候变化研究。

《中国迁地栽培植物志》将基于中国植物园活植物收集，通过植物园栽培活植物特征观察收集，获得充分的比较数据，为分类系统学未来发展提供翔实的生物学资料，提升植物生物学基础研究，为植物资源新种质发现和可持续利用提供更好的服务。《中国迁地栽培植物志》将以实地引种栽培活植物形态学性状描述的客观性、评价用途的适用性、基础数据的服务性为基础，立足生物学、物候学、栽培繁殖要点和应用；以彩图翔实反映茎、叶、花、果实和种子特征为依据，在完善建设迁地栽培植物资源动态信息平台和迁地保育植物的引种信息评价、保育现状评价管理系统的基础上，以科、属或具有特殊用途、特殊类别的专类群的整理规范，采用图文并茂方式编撰成卷（册）并鼓励编研创新。全面收录中国的植物园、公园等迁地保护和栽培的高等植物，服务于我国农林、医药、环保、新兴生物产业的源头资源信息和源头资源种质，也将为诸如气候变化背景下植物适应性机理、比较植物遗传学、比较植物生理学、入侵植物生物学等现代学科领域及植物资源的深度发掘提供基础性科学数据和种质资源材料。

《中国迁地栽培植物志》总计约60卷册，10~20年完成。计划2015—2020年完成前10~20卷册的开拓性工作。同时以此推动《世界迁地栽培植物志》（*Ex Situ Flora of the World*）计划，形成以我国为主的国际植物资源编目和基础植物数据库建立的项目引领。今《中国迁地栽培植物志·金缕梅科》书稿付梓在即，谨此为序。

黄宏文

2020年5月6日于广州

前言 PREFACE

　　金缕梅科植物全世界有30属140种，我国自然分布的有18属74种。本科植物均为木本植物，大部分种类具有较高的观赏价值和药用价值，部分种类具有重要的林业生产价值，亦有不少种类具有重要的科研价值。在我国分布的大部分金缕梅科植物均有引种栽培和应用。为了摸清金缕梅科植物在我国的引种保育和应用情况，我们借助中国迁地栽培植物志的平台，联合了金缕梅科植物分布区内的，国内亚热带以南的9个植物园，共同开展了国内迁地保育的金缕梅科植物的全面总结工作。从自然分布迁地栽培形态特征、引种信息、物候和生长情况、适宜栽培区域、迁地栽培要点、主要用途和识别要点等方面进行观察、观测并记录。在全面记录、观测并客观描述的基础上，9个植物园的参与者共同编撰《中国迁地栽培植物志·金缕梅科》一书，为后续的金缕梅科植物的鉴别、分类修订、迁地保育和应用等相关研究提供参考依据。

　　《中国迁地植物志·金缕梅科》全书主要内容包括以下部分。

　　一、概述：简要介绍了金缕梅科植物的基本形态特征、分类历史、世界地理分布、应用开发、繁殖及栽培管理要点。

　　二、各论部分：共收录9个植物园内迁地保育的17属53种金缕梅科植物，反映植物形态特征的彩色照片500多幅。每种植物从中文名、拉丁名、学名、迁地栽培形态特征、引种信息、物候、迁地栽培要点、主要用途和识别要点这几个方面加以详细的描写和总结。

　　物种编写规范如下。

　　1.中文名主要以《中国植物志》中的中文名为准，部分外来种和后发新种按照原始文献和中国自然标本馆（CFH）采用的中文名字为准。拉丁名多数采用 *Flora of China*（FOC）记录的学名，少数采用《中国植物志》中的学名，外来物种采用The Plant List记录的学名。

　　2.迁地栽培形态特征按照迁地栽培状态下的生活型、茎、叶、花和果的顺序来进行描述；同一物种在不同植物园栽培条件下的特殊形态变异均采用幅度变化的写法。

　　3.引种信息的编写大致按照引种号（引种登录号）、引种时间、引种地点和引种材料这几项来进行记录，因每个植物园的编写体例不尽相同，所以在规范的基础上，尽量保持原记录植物园的记录体例，以保持引种数据的可查性。

　　4.物候和生长情况，按照萌芽期、展叶期、花期和果期的顺序进行描述，由于此项观察，主观性比较强，观察比较尺度不完全一致，故存在一定误差；物候观测工作多为业余时间观察，工作上的忙碌，又造成部分生长状态记录不及时；又由于不同年份的气候变化，植物本身的物候每年均有所不同。所以，物候观测只是1～3年内的各物候期的大致时间。生长情况主要是在各个植物园的现实生长发育状态。

　　5.适合栽培区域，主要从各植物园栽培植株的生长情况，结合文献资料信息，综合判断适合栽培区域。

6.栽培技术要点主要从生物学特性、繁殖特性、移栽和日常管理等几个方面进行总结。

7.主要利用价值从观赏、药用和用材等几个方面进行编写。

8.识别要点主要从肉眼能够观察到的外部形态上的重要的不同特征点来进行描述。

9.讨论，个别形态特征有变化，以及和植物志形态描述略有不符的种，在种描述下进行了形态特征方面的讨论。

10.引种信息和物候信息按植物园所处的地理位置由南往北排列，分别为中国科学院华南植物园（华南植物园）、江苏省中国科学院植物研究所南京中山植物园(简称南京中山植物园)、杭州植物园、上海辰山植物园、中国科学院昆明植物研究所昆明植物园 (简称昆明植物园)、中国科学院武汉植物园(简称武汉植物园)、中国科学院西双版纳热带植物园(简称西双版纳热带植物园)、四川省自然资源科学研究院峨眉山生物资源实验站(简称峨眉山生物站)、中国科学院庐山植物园(简称庐山植物园)。

三、其他说明：本书考虑到之前的引种工作多依据《中国植物志》等较早资料，为了方便查阅相关引种记录资料，从而采用了《中国植物志》中的恩格勒分类系统来进行物种描述。为便于了解各个植物园栽培的金缕梅科植物情况，在书后附录了金缕梅科植物在各个植物园的种类统计表；各个参与物候和物种描述的植物园的地理位置及介绍。

在本书编写过程中，发现引种信息不全、记录信息和栽培植株不能对应、鉴定错误的情况较多，希望在以后利用网络和信息管理优势，引种保育和园区管理应尽快纳入标准化和信息化管理的范围，做到引种信息规范真实，栽培管理过程中数据信息通畅、园区信息管理和原始引种信息完全对接，达到和实现植物园真正的迁地保育的目的。

本书编写过程中还得到南京中山植物园郭忠仁研究员、佟海英主任、任全进主任，华南植物园廖景平研究员、张征研究员级高级工程师和湛青青博士等非常重要的帮助。同时，本书的最后成稿，更需要感谢的是参与编写的9个植物园的各位老师，在大家协同努力下，较好的完成了书籍出版任务。在此，谨向为本书的出版付出心血的各位老师、各位领导致以最真挚的谢意，谢谢你们。

本书由非植物分类学专业的植物园一线技术管理人员编写而成，鉴定与描述均依据迁地保育的活植物进行，活植物表现出的特征和植物志描述的形态特征不尽相同，同时在形态特征描述处理的尺度上把握不全面，疏漏和错误在所难免，请读者在使用过程中给予批评指正。

本书承蒙以下研究项目的大力资助：科技基础性工作专项——植物园迁地栽培植物志编撰（2015FY210100）；中国科学院华南植物园"一三五"规划（2016—2020）——中国迁地植物大全及迁地栽培植物志编研；生物多样性保护重大工程专项——重点高等植物迁地保护现状综合评估；国家基础科学数据共享服务平台——植物园主题数据库；中国科学院

核心植物园特色研究所建设任务：物种保育功能领域；广东省数字植物园重点实验室；中国科学院科技服务网络计划（STS计划）——植物园国家标准体系建设与评估（KFJ-3W-Nol-2）；中国科学院大学研究生/本科生教材或教学辅导书项目。在此表示衷心感谢！

作者

2020年6月

目录 CONTENTS

概述
Overview

一、金缕梅科植物形态特征概述

1. 树形

本科植物多数为乔木，枫香树属（*Liquidambar*）生长的比较高大，树冠广阔，为亚热带地区植被的建群种之一。银缕梅属（*Parrotia*）、山白树属（*Sinowilsonia*）和牛鼻栓属（*Fortunearia*）是亚热带或暖温带地区森林的伴生种，处于林冠的中层，树冠略小。半枫荷属（*Semiliquidambar*）、蕈树属（*Altingia*）、马蹄荷属（*Exbucklandia*）、壳菜果属（*Mytilaria*）、红花荷属（*Rhodoleia*），为常绿和半常绿乔木，树形通常比较高大，是南亚热带至热带地区小型植物群落的建群种。檵木属森林群落（*Loropetalum*）、四药门花属（*Tetrathyrium*）和蚊母树属（*Distylium*）等是亚热带气候带和北亚热带的重要伴生种。蜡瓣花属（*Corylopsis*）、金缕梅属（*Hamamelis*）为中亚热带气候带森林群落的伴生种，树形比较低矮，常处于林冠中下层。

波斯银缕梅　　白缕梅　　枫香树　　银缕梅

细柄蕈树　金缕梅

2. 茎

树皮多呈灰黑色或灰白色，光滑，部分老树树皮粗糙，纵裂（牛鼻栓属）；部分树皮呈条状或块状剥落（银缕梅属）；小枝多呈圆柱形、光滑，偶有毛（蚊母树属、水丝梨属和檵木属等部分种），部分幼枝略呈"之"字形生长（马蹄荷属）。乔木树种小枝粗壮，明显具节，部分种类小枝上有环状托叶痕（壳菜果属和马蹄荷属）。

波斯银缕梅　金缕梅　壳菜果

白缕梅

牛鼻栓

波斯银缕梅

枫香树

银缕梅

壳菜果

蕈树

3. 叶

叶互生，少对生，全缘（檵木属、马蹄荷属等）或有锯齿（蜡瓣花属、银缕梅属、金缕梅属和牛鼻栓属等），或为掌状分裂（枫香树属和半枫荷属）；具羽状脉（蚊母树属和水丝梨属等）或掌状脉（枫香树属、壳菜果属和马蹄荷属等）；通常有明显的叶柄；托叶线形，或为苞片状（马蹄荷属），早落，少数无托叶。

白缕梅	半枫荷	波斯银缕梅
峨眉蜡瓣花	枫香树	金缕梅
蜡瓣花	马蹄荷	马蹄荷
银缕梅	银缕梅	云南蕈树

4. 花

头状花序（蕈树属、半枫荷属、双花木属和枫香树属）、穗状花序（山白树属、金缕梅属和蜡瓣花属等）或总状花序（部分水丝梨属、牛鼻栓属），两性，或单性而雌雄同株，稀雌雄异株，有时杂性；异被，放射对称，或缺花瓣（水丝梨、蚊母树和铁木属等），少数无花被；常为周位花或上位花，亦有为下位花；萼筒与子房分离或多少合生，萼裂片4～5数，镊合状或覆瓦状排列；花瓣与萼裂片同数，线形、匙形或鳞片状；雄蕊4～5数，或更多，有为不定数的，花药通常2室，直裂或瓣裂，药隔突出；退化雄蕊存在或缺；子房半下位或下位，亦有为上位，2室，上半部分离；花柱2，有时伸长，柱头尖细或扩大。

5. 果

果为蒴果，常室间及室背裂开为4片，外果皮木质或革质，内果皮角质或骨质；种子多数，常为多角形，扁平或有窄翅（枫香树属、蕈树属和半枫荷属等），或单独而呈椭圆卵形，并有明显的种脐（牛鼻栓属、金缕梅属、银缕梅属、蚊母树属等）；胚乳肉质，子叶长圆形。

波斯银缕梅

大果马蹄荷

牛鼻栓

缺萼枫香树

山白树

腺蜡瓣花

蕈树

大果马蹄荷

银缕梅

二、金缕梅科的分类学研究概况和地理分布

1. 金缕梅科植物分类学研究历史

金缕梅科在被子植物系统演化中占有重要地位，一方面它通过昆栏树科（Trochodendraceae）和水青树科（Tetracentraceae）与多心皮类联系，另一方面则通过合椿梅科（Cunoniaceae）与蔷薇超目（Rosanae）联系（Dahlgmn，1980）。金缕梅科共30属140种，间断分布于欧洲东南部—西亚北部、非洲南部（包括马达加斯加）、亚洲东南部—澳大利亚北部和北美东南部。

R. Brown 于1818年建立了金缕梅科。200年来，该科植物已由最初的4属20余种发展到现在的30属140种。在迄今发表的十多个关于该科分类系统中，影响较大的有Harms（1930）、张宏达（1973，

1979）、Bogle（1980）、Endress（1989）和李建华（1997）5位学者。亦有学者在形态解剖学、孢粉学、细胞学、胚胎学、器官发育植物化学、分子系统学和物种生物学等方面进行了详细的研究。

金缕梅科植物分类系统和现代被子植物分类系统一样，都是从形态开始分类的自然系统转为寻找相关植物类群亲缘关系的系统发育，从性状的演化趋势推测亲缘关系建立分类系统；再到利用形态学，结合分子系统学来建立分类系统。

Brown（1818）把金缕梅科分为4个属，包括 Hamamelis L.，分布于北美的 Fothergilla L. f. 以及两个非洲特产属：Dicoryphe 和 Dahlia。

A. P. deCandolle（1830）首次设了族的等级，将4个属分为金缕梅族（Hamamelideae）和弗特吉族（Fothergilleae）。Lindley（1853）和 Oliver（1862）又根据胚珠的数目和花瓣有无，将金缕梅科的所有属划分为两大类，一类是子房单胚珠（Dicoryphe、Hamamelis、Parrotia 和 Distylium 等），一类是子房多胚珠（Rhodoleia、Eustigma 和 Altingia 等）。其中，单胚珠类群又划分为3个组，即无花瓣（Parrotia、Fothergilla 和 Sycopsis 等）、花瓣条形（Corylopsis、Hamamelis 和 Trichocladus 等）和花瓣鳞片状（Eustigma）。

Bentham 和 Hooker（1865）把金缕梅科分成15个属，与 Lindley（1853）的研究内容基本相似，只是把多胚珠类增加了 Phodolia、Bcklandia 等4个属。

Reinsch（1890）首次把形态学和解剖学的特征结合起来，把金缕梅科下的19个属分成3个亚科，即 Altingioideae、Bucklandioideae 和 Hamamelidoideae 3个亚科。

Niedenzu（1891）修订了 Reinsch（1889）的分类系统，把金缕梅科划分为 Buklandioideae 和 Hamanlidoideae 2个亚科。在 Hamamelidoideae 亚科下设立2个族（Parroteae 和 Hamamelideae）。他认为金缕梅科的花瓣是由雄蕊演化而来，无花瓣的类群相对原始。

Harms（1930）对金缕梅科的分类行了较全面的整理和修订，建立5个亚科23个属。他将大量的解剖学特征引入分类学特征之中，尤其是对花部形态特征的描述最为详细。他还将大量的生殖器官的性状用于属间划分。他对不同属内代表种进行了精致的绘图描述，并把他收集到的金缕梅科化石证据引入其中。他的分类系统对后面该科的分类影响最大，也奠定了该科分类系统的基础地位。

董爽秋（1930）首次将"进化论"的观点应用于金缕梅科的分类研究。他研究了该科植物叶片和木材解剖特征与外部形态的相关性，他认为植物内部形态特征对评价植物的亲缘关系最有价值。他提出了6条标准用来确定该科各属花的原始性。如：花两性；花萼裂片稍合生；雄蕊多数；花各部为定数；花瓣发育好；子房每室胚珠多数。根据这6条标准，他认为双花木属最原始，最古老。最后，在相关著作中列出了金缕梅科各属植物的地理分布。他对金缕梅科花部性状演化和地理分布的研究，对后世该科的分类系统有比较大的积极影响。

Schulze-Meaz（1964）在著名的 Engler's（Syllabus der Pflanzenfamilien）科志中，也提出了自己的系统，把金缕梅科划分5个亚科：即 Disanthoideae、Hsmamelidoideae、Rhodoleioidea、Symingtonioideae 和 Liqridambaroideae。其中把金缕梅亚科分为5个族：Hamamelideae、Eustigmateae、Corylopsideae、Fothergilleae 和 Distylieae。

中山大学张宏达先生对金缕梅科进行了较全面的研究，发表了一系列研究论文（1973，1963，1962a，1962b，1961，1960a，1960b，1959，1948），建立了山铜材属（Chunia）（1948）和半枫荷属（Semiliquktambar）（1962b）两个新属，在编撰《中国植物志》（1979）过程中，他重新修订了中国金缕梅科的分类系统，在 Harms（1930）系统的基础上，新增加了壳菜果亚科（Mytilarioideae），包括壳菜果属和山铜材属，并将半枫荷属置于枫香亚科。

Endmss（1969）将中美洲特有的3种植物从蚊母树属中分出，建立一新属 Molinadendron。同时，将分布于中南半岛区和马来西亚区的4种水丝梨属（Sycopsis）植物从该属中分出，另立一新属假蚊母属（Distyliopsis），认为它与水丝梨属较疏远而与蚊母树属关系密切。他还建立了澳大利亚特有的单型属（*Noahdendron*）。

Sosle等（1980）在利用电镜技术研究花粉形态学特征基础上，把金缕梅亚科5个族的分类进行了稍微调整，与前述分类系统差异不大。

Endmss（1989）对金缕梅科重新进行了系统分类，将该科30个属划分为4个亚科：马蹄荷亚科（Exboeklandiodeae），红花荷亚科（Rhodoleloldeae），枫香亚科（Liquidambaroideae）和金缕梅亚科（Hamamelidoideae）。并对金缕梅亚科的4个族进行了微调。

邓懋彬等（1992）发表了一新属——银缕梅属（*Shaniodendron*）。张志耘等将银缕梅属（*Shaniodendron*）归并入银缕梅属（*Parrotia*）（Zhang *et al*., 1996b）。

李建华（1997）在他的博士论文中，综合利用了现代植物系统学研究的多种方法，综合形态学和分子系统学的证据，进一步研究了金缕梅科，提出一个新的分类系统；他把金缕梅科分为30个属6个亚科，金缕梅亚科下分为6个族。

李建华等（2001）用叶绿体基因构建了不同的系统发育关系，认为银缕梅属（*Shaniodendron*）和*Parrotia*并不构成单系群。因此建议两个属还是应该分立。

在*Flora of China*中，基本遵循Endmss和李建华的分类系统，但把水丝梨属进行了拆分，按照是否有顶生小花分成了水丝梨属和假蚊母属，但种类没有变化。把四药门花属归并入檵木属中。银缕梅属沿用*Parrotia*。

在最新的APG Ⅳ分类系统中，金缕梅科处于超蔷薇类基部群的虎耳草目中。把金缕梅科中的蕈树属、枫香树属和半枫荷属进行了合并，并入枫香树属，并置于新科——蕈树科（Altingiaceae Lindl.）之中。

刘夙等在多识百科中，依据李建华（2001）研究证据，金缕梅科有27属，80~120种；蕈树科有1属，15（17）种。并依据其观点，把银缕梅属从波斯铁木属（*Parrotia*）中分离出来，承认我国学者发表的银缕梅属（*Shaniodendron*）。

从金缕梅科分类历史过程，可以将金缕梅科的分类划分为两个历史时期：经典的自然分类系统时期（1818—1929年）；进化论和分子测序的分类系统时期（1930年至今）。

Takhtajan（1969）曾明确指出金缕梅科的3个原始属是双花木属、马蹄荷属和红花荷属，它们分别代表了3个不同的亚科。双花木属又是金缕梅科保留原始性状最多的分类群（Pan *et al*. 1991）。性状分析表明，金缕梅科可能存在下列演化趋势：托叶大到托叶小或无托叶；子房上位到子房半下位或下位；每室6~8枚胚珠到仅1枚胚珠；花药纵向开裂到瓣裂；花由虫媒传粉到风媒传粉。

2. 金缕梅科植物的世界地理分布

金缕梅科全世界约有30属140种，间断分布于欧洲东南部—西亚北部、非洲南部（包括马达加斯加）、亚洲东南部—澳大利亚北部和北美东南部。化石证据表明，金缕梅科植物在晚白垩纪就已经出现了。枫香亚科植物化石在晚白垩纪地层也开始出现。

在金缕梅科植物中，双花木属、马蹄荷属和红花荷属3个比较原始的属，主要分布于东亚区，同时，东亚区还分布着低等金缕梅类植物不同演化水平的类群。因此，东亚既是原始类群分布集中的地区，也是该科植物的多样化中心。除东亚区外，中南半岛区居第二位，分布2亚科15属32种。由此推测东亚南部到中南半岛北部是低等金缕梅类植物的发源地和起源中心。

现代金缕梅科植物的分布出现大的间断，情况比较复杂。从板块漂移学说来看，现代的欧洲、北美、大洋洲和非洲南部的间断分布是由于板块漂移的结果。金缕梅科植物起源以后，随着板块漂移的加剧，原来可以连续分布的地块出现了地理隔离现象，不同发育阶段的物种失去基因交流的渠道，形成目前远隔重洋的洲际间断。形成欧洲东南部、西亚北部和亚洲东南部的间断。

也有间断分布是由于第四纪冰川作用参与的结果，根据化石证据，分布于北美的*Fothergilla*及间断分布于东亚和北美的金缕梅属（*Hamamelis*），在北半球第三纪地层也发现广泛分布的化石。

间断分布于伊朗和中国东部的特有属 *Parrotia* 和产于巴基斯坦的特有属 *Parrotiopsis* 在形态上十分相似；两者来源于共同祖先，而后者更具原始性状。这可能证明了金缕梅科的部分类群是亚洲腹地向东散布到中国东部山地，向西南散布到西亚（伊朗）的。

在金缕梅科分布于南半球的5个属中，*Dieoryphe* 和 *Triehoeladus* 分布于马达加斯加和非洲南部，还有3个单型属产于澳大利亚东北部。它们在金缕梅科中是一类比较孤立的且原始的类群。从演化的观点分析，它们可能是在白垩纪或之前由亚洲的分布中心通过印度、斯里兰卡和利莫里亚古陆散布到非洲的；通过太平洋的若干岛屿散布到澳大利亚的，形成现代的分布格局。从这两个分布点的物种发育程度看，都是比较原始的，并且没有进化的类群，它们经过隔离之后，没有进化的动力和基因补充，从而保持较为原始的性状。

现代金缕梅科植物区系按系统发育划分为6个亚科，在中国均有代表，特别是它们当中代表原始类型的5个亚科8个属，全部产于中国，或以中国为分布中心，甚至是中国特有的属。山铜材属（*Chunia*）是特有的寡种属；双花木属（*Disanthus*）和壳菜果属（*Mytilaria*）是以中国为分布中心的单种属；红花荷属（*Rhodoleia*）、马蹄荷属（*Exbucklandia*）、枫香树属（*Liquidambar*）的分布中心均在中国南部及西南部。第6个亚科是单胚珠的金缕梅亚科。在已知的19个属当中，有9个在系统上比较原始的属分布于中国，其中四药门花属（*Tetrathyrium*）、牛鼻栓属（*Fortunearia*）及山白树属（*Sinowilsonia*）是特有的单种属，只有金缕梅属（*Hamamelis*）及蚊母树属（*Distylium*）同时分布于北美及中美；其余像蜡瓣花属（*Corylopsis*）、水丝梨属（*Sycopsis*）、檵木属（*Loropetalum*）及秀柱花属（*Eustigma*）都集中分布于东亚。

三、金缕梅科植物的应用与开发

本科植物全部是木本，其中如枫香树属（*Liquidambar*）、蕈树属（*Altingia*）、马蹄荷属（*Exbucklandia*）、山铜材属（*Chunia*）、壳菜果属（*Mytilaria*）、半枫荷属（*Semiliquidambar*）的木材可供建筑及制作家具。供药用的有枫香树属、蕈树属、半枫荷属、金缕梅属（*Hamamelis*）、牛鼻栓属（*Fortunearia*）及蜡瓣花属（*Corylopsis*）。枫香树属及蕈树属的树脂还可作香料及定香原料。此外，多数的属均有观赏价值，其中尤以红花荷属（*Rhodoleia*）及蜡瓣花属最著名。蚊母树属（*Distylium*）中的有些种类，叶上的虫瘿（目前观察，主要寄生在蚊母树和杨梅叶蚊母树叶片上）可作五倍子用。

1. 金缕梅科植物的药用价值

金缕梅在《新华本草纲要》中记载，具有补中益气的功效。现代研究表明，金缕梅中含有槲皮素、紫云英苷、山奈酚等成分。它还含多种单宁质，多用于美容行业，具有镇静、抚慰的效果；对皮肤龟裂、晒伤和脸上生粉刺有一定改善效果。可有效帮助肌肤夜间的再生能力。具有舒缓、抗菌、收敛等效果。因对收敛控油及杀菌有比较好的疗效，对于青春期少年或是出油状况较严重的皮肤，有一定的治疗保健效果。

半枫荷是一种珍贵的药用植物，根、枝、树皮都可入药，能活血通络、祛风除湿，可以治疗风湿性关节炎、腰肌劳损、半身不遂、跌打瘀积、肿痛、产后风瘫，常用于治疗外伤止血，是产区群众常用的中药。目前，半枫荷作为重要的中药已得到了广泛的重视和开发。如半枫荷散、中药巴布剂、半枫荷类注射液、苗岭骨力胶囊等。

红花荷别名萝多木，性味辛，温，入肝经；它含有多种生物碱。主要的功效是活血化瘀，可以用于治疗寒凝血脉之出血症。红花荷蜂蜜也有一定的药用价值，花蜜有祛风湿、活血散瘀、消肿止痛的功效。对于治疗风湿、腰肌劳损、跌打淤积肿痛和产后风瘫等有一定疗效。

檵木叶用于止血，根及叶片用于跌打损伤，有去瘀生肌的功效。

蕈树的根入药有消肿止痛功效。用治风湿痹症，无论寒热，肢体肿胀、挛急疼痛、关节屈伸不利；

或跌扑闪扭、筋骨被伤、局部青瘀、活动不能。

枫香树树脂供药用，能解毒止痛，止血生肌；根、叶及果实亦入药，有祛风除湿、通络活血功效。枫香树的果序为著名中药路路通。味苦，性平，祛风除湿，疏肝活络；利水。枫香树的树根有解毒消肿和祛风止痛功效。枫香树的皮有除湿止泻和祛风止痒的功效。枫香树叶片具有祛风除湿、行气止痛和解毒之功效。它含有天然黑色素，常被民间用作食物着色的色素原料。研究表明枫香树叶含有黄酮类、鞣质类、酚酸类、木脂素类和挥发油等类型的化学成份，有治疗糖尿病、抗菌消炎和降血压等作用。

缺萼枫香茎、叶、果实可供药用，有祛风除湿、通络活血之功效，树脂为苏合香或其他用品，有解毒止痛、止血生机等效果

马蹄荷以茎入药，舒筋活血、活络止痛。主治风湿关节痛、坐骨神经痛。

细柄蕈树的树脂含有芳香性挥发油，可供药用，及香料和定香之用。

蜡瓣花根皮治恶寒发热，热度不很高，呕逆心跳，烦乱昏迷。

牛鼻栓的枝叶和根入药，有益气止血的功效，用于治疗气虚劳伤乏力、创伤出血。

2. 金缕梅科植物的经济价值

壳菜果木材结构细密，纹理交错，耐干湿变化，不开裂，加工容易，色泽好，花纹美，油漆后光亮性好，易胶黏，适于制作家具、客车车厢、仪器箱盒、胶合板等。由于其干形通直，不易受虫蛀、耐腐蚀，可用作建筑材料。木材车旋性能好，也是车工、雕刻方面用材的良选。南亚热带多有造林。

细柄蕈树木材心边材略明显，边材浅红褐色或黄褐色，心材红褐色，有光泽。纹理斜或略交错，结构细，均匀，重而硬，干缩大，强度中等，不易干燥，有翘裂现象，耐腐性中等；油漆后光亮，胶黏容易，不劈裂。可做造船、枕木、桥梁、纸浆等用材，是培养香菇的最好木材之一，也是重要的中亚热带造林树种之一。

马蹄荷属植物是高大的常绿乔木，叶片革质厚重，有较好的抗燃性，可作为防火带树种来利用。同时，马蹄荷属树种的木材淡粉红色，生长迅速，是一个比较有前途的造林用材树种。

半枫荷木材材质优良，旋刨性能良好，是造纸纤维原料及纤维板、刨花板的优质原料，亦是制作家具、农具的优良材料。

红花荷是华南和西南地区较重要的造林树种之一，树干粗壮，质地坚硬、耐腐蚀，木材呈红褐色或者褐色，质量比重小，容易进行加工，是家具、建筑、造船、车辆、胶合板和贴面板优质用材。

壳菜果木材为散孔材，淡红褐色，可作家具、建筑、农具、胶合板、室内装修、木地板等用材；此外，壳菜果不仅具有涵养水源、改良土壤和提高土壤肥力的生态功能，还可作为防火林带的主要防火树种。

山白树木材致密坚硬，纹理直，可用于雕刻建筑和制作家具；花可作蜜源植物；种子可榨油。根系发达，固土保水能力强，亦是营造河岸林树种之一。

银缕梅材质坚硬，纹理通直，结构细密，切面光滑、浅褐色、有光泽，可作细木工、工艺品和家具等，也是制作盆景的极好材料。

檵木属植物多用作园林绿化树种和盆景树种材料。

圆头蚊母树根系发达，适应性极强，具有喜湿耐涝、抗洪水冲击以及耐沙土掩埋的特性，是河堤防沙固土的理想树种。

3. 金缕梅科植物的园林观赏价值

枫香树属植物常用于绿化中的有枫香树和北美枫香树两种，缺萼枫香较少有应用。在园林中主要作庭荫树和风景林树种，也可在草地孤植、丛植，或于山坡、池畔与其他园林树木混植。在北亚热带地区，常与常绿树丛配合种植，秋季红绿相衬，显得格外美丽。枫香对有毒气体具有较强的抗性，可用于厂矿区绿化。亦有做行道树栽培应用的。

马蹄荷属植物树形高大美观，叶片奇特，厚革质，阔卵圆形；托叶椭圆形或倒卵形，非常奇特，可以在庭院中配植或者作行道树栽培。

红花荷属植物花美色艳，花量大，花期长，12月下旬至翌年3月红花满树，朵朵红花似红粉佳人，形似吊钟，娇俏迷人，蔚为壮观，是良好的庭荫树和风景林树种，在热带地区是非常让人喜爱的优良的木本花卉。

壳菜果高大健美，速生树种，园林上常植于郊野公园，亦有偶做行道树栽培。

蜡瓣花属植物在春天先叶开花，花序缕缕下垂，光泽如蜜蜡，色黄而具芳香，枝叶繁茂，叶片椭圆形、清丽宜人。适于庭园内配植于角隅、路边或假山旁，或与其他春花植物配植，相互衬托，共显春色，或盆栽观赏，精巧赏玩。蜡瓣花属植物目前只有少量公园和植物园有栽培，庭院和公园少见到其踪影，苗圃中成品苗也较少，希望可以加大培育力度，让这一优良观赏树种早日进入普通民众生活，进入到公园和小区绿化之中。

金缕梅花开早春，花色金黄、如丝如缕，随风舞动，耀眼夺目。是非常优秀的园林观赏树种，在欧洲和北美，培育了多种花色和花型的金缕梅属植物，在园林中有一定的普及率。金缕梅在我国园林中应用并不多，反而外来的间型金缕梅及品种时常见到。目前，国内有苗圃中有少量的金缕梅培育，但远远达不到国内园林绿化对金缕梅的需求。

山白树树形高大潇洒，树皮灰白通直，叶大花香，花序和果序垂悬，如串串铃铛，微风拂来，叮当作响。在园林中可作为庭荫树和和溪边临水树种来栽培。

白缕梅为新引进的外来观赏树种，其花无花瓣，花丝白色挺直，白色苞片如花朵般显著，异常的新奇美丽。可在庭院中、公园内和各种绿地中进行配置。

银缕梅树姿古朴，干形苍劲，叶片入秋变红、紫、黄和橙色等各种色彩，五彩斑斓，异常艳丽。树干片状剥落，光滑，也是著名的观干树种。花朵无花瓣，花丝银白色，银丝缕缕随风拂动，更为奇特，可作园林景观树，也是优良的盆景树种。同样观赏效果的还有伊朗铁木。

半枫荷树干高耸，终年常绿，树形卵圆形，新发嫩叶呈紫色，叶型多变，红叶点缀绿叶之中，极为美观，是园林绿化观赏的优良乡土树种，适宜作行道树、庭荫树，通常作为风景树进行园林配置。

覃树属植物多为高大乔木，有见用于公园内做基础景观树种之用，亦有做造林树种应用。

蚊母树属植物多做造型树种使用，常用的种类主要是蚊母树、小叶蚊母树、中华蚊母树和圆头蚊母树。蚊母树多做绿篱和修剪成各种造型，应用于各类园林；小叶蚊母树近年应用最多，多修剪成低矮的灌木，做地被绿篱来使用，少数修剪成球形等造型来应用。圆头蚊母树树型独特，苑盘粗壮，枝干虬曲苍老，是庭园观赏、盆景栽培、道路绿化的良好材料，多修剪成球形，配置于园林，在华南地区有见应用。中华蚊母树偶有在岩石园等处应用。

檵木属中，红花檵木应用最为广泛，叶片有多种类型，色彩变化上有春季红、半年红和全年红等多种类型。花色粉红，异常艳丽；在园林上作为绿篱、造型树等各种方式进行应用，也多用于制作盆景。檵木在园林中偶有应用，花色洁白如雪，叶片四季常绿，管理粗放。也可作为红花檵木的砧木，嫁接成红花檵木大树或者大树盆景。

牛鼻栓属在园林中应用较少，花序和果序较为奇特，可用于公园内的基础种植材料，有很好的开发利用价值。

四药门花和长柄双花木野生资源比较稀少，国内栽培也极少。四药门花仅在华南植物园有栽培，是非常好的园林观赏树种，可以扩大繁殖数量，在中亚热带以南园林中推广。长柄双花木苗圃培育的也不多，目前，仅在少数植物园和私家庭园里有栽培。

4. 金缕梅科植物的其他作用

覃树经济价值高，木材含挥发油，可提取覃香油，供药用及香料用。木材供建筑及制作家具用，在森林里亦常被砍倒作放养香菇的母树。

山白树属植物花粉含有丰富的淀粉、油脂和蛋白质，脂肪酸中又有较高的油酸和亚油酸，同时又含有人体必需的氨基酸、维生素和微量元素以及黄酮类，具有良好的食用及保健功能。山白树种子富含脂肪和蛋白质，富含钾、钙、镁、铁、锌、硼等多种对人体有益的矿质元素，含有17种氨基酸，在食品、医疗保健方面具有一定开发前景，可作为中国特有的经济植物进行开发利用。其油脂中的脂肪酸是否主要为油酸、亚油酸、亚麻酸等不饱和脂肪酸以及更多种类的矿质元素含量需进一步研究。

5. 金缕梅科植物其他方面的研究

有学者对不同基质和果壳与叶片浸提液对银缕梅种子的萌发率进行了研究，表明黄心土发芽率最高，浸提液浓度越高抑制作用越大。对常绿阔叶林特征种大果马蹄荷群落的纬度地带性进行了研究，结果表明，随自然分布纬度的升高，大果马蹄荷的重要值越大。温度不是对枫香树、半枫荷和蕈树种子萌发的最重要的影响因素。金缕梅、檵木、蜡瓣花和枫香树的提取物可以防止皮肤晒伤，减轻炎症。

四、金缕梅科植物的繁殖和栽培管理要点

金缕梅科植物中用于造林的种主要分布在枫香树属、蕈树属、马蹄荷属、壳菜果属和红花荷属等。用于园林绿化的种主要分布在檵木属、蚊母树属和红花荷属。其余各属，如金缕梅属、银缕梅属、水丝梨属、蜡瓣花属、双花木属、半枫荷属、牛鼻栓属、山白树属和四药门花属的植物基本上没有得到大量应用，只在少数植物园、私家庭院和部分公园内保育及观赏应用。金缕梅科植物的繁殖和栽培管理技术经验多数来自于各个植物园、农林大学和林业、园林科研机构。

1. 繁殖

金缕梅科植物绝大多数采用种子繁殖，少数因为造林和园林绿化苗木需要苗木数量过多，种子采集和供应速度跟不上发展需要，采取扦插繁殖的方法；少数珍稀濒危植物做过组培试验。红花檵木多数采用扦插繁殖的方式进行育苗，主要是因为要保持品种特性和扩大生产的双重需要而采取的繁殖方式。

（1）种子繁殖

实生繁殖，就是采用种子进行繁殖，是金缕梅科植物繁殖的主要途径。从少数金缕梅科植物的种子繁殖经验来看，多数成熟度较好的种子，通过适当的储藏方式，播种后的出苗率还是比较高的。从播种过的枫香树、银缕梅、山白树、牛鼻栓和细柄蕈树的出苗情况看，不需要特殊的养护手段，出苗率达到60%以上。金缕梅科中的蕈树属、壳菜果属、马蹄荷属和红花荷属分布于中南亚热带地区，起源于热带的植物种子无休眠习性，可随采随播。枫香树属、檵木属、牛鼻栓属、金缕梅属、银缕梅属、蚊母树属和水丝梨属等落叶种类和主要分布区在中亚热带以北地区的植物种类种子有休眠习性，需要经过储藏后，才能播种。

种子采收　在南京中山植物园，引种保育的金缕梅科植物的种子从9月初开始成熟，最早成熟的是银缕梅，之后陆续成熟的有山白树、牛鼻栓、枫香树和蜡瓣花。常绿种类成熟期要在9月下旬和10月上旬开始，蚊母树、杨梅叶蚊母树、水丝梨、小叶蚊母树、中华蚊母树等陆续成熟。当观察到种子外壳逐渐转黄或者呈褐色时，表明果实已经可以采收了。通常灌木树种采用地面或者梯子的形式来人工采摘，乔木多数采取人工爬树或者通过机械的方式，用竹竿打落或者高枝剪剪取带果序枝条的方式进行果实采收。

果实采后处理及储藏果实　采收后，需要及时去掉枝叶等杂物，下面放垫布或放在竹筐内，摊放在阴凉干燥处慢慢阴干，一般阴干3～5天即可，干燥过程中需要及时查看果实裂开情况。

金缕梅科植物的果实，尤其是呈穗状花序的果实，果实裂开的瞬间，产生巨大的弹力，把种子弹射出去。果序越长、果实越大，弹射的距离越远。

作者曾做过实验，山白树的种子在空旷地的弹射距离是0.5～12m，不同成熟度和不同弹射角度的

种子弹射距离不等。头状花序类型的果实如枫香树属、蕈树属和半枫荷属，种子弹力略小，放置深一点的箩筐内即可。

马蹄荷属和壳菜果属的果实较大，果序果实数量少，种子裂开后弹射能力亦大，需要裂口后密封处理，防止果实弹射损失。一般放置3~4天，发现有裂口的果实，即可把果实及时收入透气的箩筐或者麻袋中，继续阴干处理。再过3~4天，把麻袋放置在阳光下暴晒半天，之后用木棒敲打，从麻袋内倒出种子至竹筐内，去掉炸掉种子的果壳，去杂，收集种子。

金缕梅属、银缕梅、山白树和牛鼻栓的种子可放入麻袋阴干储藏。种子需要充分阴干，分小袋储藏，放置木柜上或悬吊在房梁上。这一类的种子也可秋播，不需要越冬储藏。蕈树属、红花荷属和壳菜果属等植物种子，因其分布区在南方，气温较高，种子成熟期在11月，播种时间多在1月，种子的储藏期很短，种子不需要处理，放置阴干处即可。亦可利用空闲时间，采后即播，避免了集中播种，用工紧张的情况。

金缕梅科植物的种子亦可用湿沙储藏的方式进行储藏。种子经阴干后，拌入干净的河沙，加水搅拌，湿度以手捏成团、手松散开的程度为好，拌好后放入瓦盆中或缸中，上面再覆盖一层5~10cm厚的河沙。放置阴凉干燥处，半个月检查一次，根据水分情况，增加湿度，还可喷施多菌灵，防止霉菌危害种子。2个月后检查沙子情况，中途可以重新更换干净的河沙，重复上述操作。经过储藏的种子，有了充分的后熟，播种后，出苗率高，出苗整齐。

播种　分为春季播种和秋季播种。

春季播种：大多数金缕梅科植物均可在春季播种。在生产上播种时，选择通风良好、排灌方便的土地。必须先平整土地，做宽度1.2m的苗床，在苗床上施腐熟的农家肥，并充分拌匀。在大田播种时，需先对种子进行处理，采取温水浸泡的方法处理种子，通常的做法是用40℃温水浸泡种子，待自然降温到室温时，再浸泡12小时，第二天再用35℃温水浸泡，一天后捞出种子，平摊到竹筐上，上面盖上稻草或者厚纱布保湿，并经常检查，看种子湿度情况，适当喷水保湿，待有部分露白即可准备播种。

对枫香树等细小的种子必须和细沙混匀，按行距15~20cm的距离开沟，均匀撒到浅沟中；在种子上面覆盖一层1cm左右的细沙，然后在沟槽内覆盖稻草，播种完成后，浇一次透水。一般播后20~30天开始发芽。对于壳菜果、牛鼻栓和山白树等较大的种子为了减少土地浪费，需要对种子进行水选，剔除空壳种子，晾干备用。一般采用点播的方式进行播种，土地准备和播后覆盖同上述步骤，一般株距5cm左右。大田播种的出苗率达到60%以上。

秋季播种：对于冬季较短或者没有明显秋季的地区，常绿种类红花荷、蕈树和壳菜果等种类，可以把种子采收后，阴干半个月就可以直接播种，播种方式同春季播种，在播种前需用多菌灵对苗床进行处理，以免土壤没有经过冬季低温，细菌、真菌超标，侵染种子，还要注意防治杂草。还要防止啮齿动物啃食种子，采取措施对老鼠等进行捕杀。

在中亚热带以北地区，秋播管理时间过长，种子在田间的状态不可控，苗床土壤没有经过冬季冻垡，土壤性质不适合种子的萌发，土壤没有经过冰冻，害虫病菌比较多，所以本地区秋播并不常用。秋播的发芽率一般比春播的发芽率略低，并且存在出苗不整齐现象。蕈树属植物的种子无休眠，可以随采随播，储藏会降低发芽率，并且在储藏期间会陆续发芽，浪费种子。

对植物园和农林研究机构来说，培育少量苗木和试验性质的育苗，对金缕梅科植物种子盆播是一个比较好的选择，一般播种用土壤多用配制的培养土，一般用泥炭土+园土+沙（1:1:1）的混合土。把土装入素烧盆内，种子点播，上面继续覆盖2cm厚培养土，将播种好的盆放入塑料盆中浸透水，放置大棚内有遮阳网处，盆上覆盖玻璃保水。中途注意用喷壶补水，保持水分的供给。

播后管理：大田播种需要做好基础的保湿和排涝工作，还有部分的防虫、防鼠等工作。保证播种床的湿度为第一要务，在播种一周后，可以搭设遮阳网，缓解苗床骤干骤湿的现象发生。幼苗出土达到40%左右时，需要及时揭除苗床上覆盖的稻草，并做好保湿遮阴的管理工作。

幼苗出土后，对需要留床的苗木处理，密度过高地方需对幼苗进行移栽，保持幼苗间距10cm以上。防止幼苗根腐病和立枯病，可喷施多菌灵和立枯宁等药剂。对营养袋育苗的，需要配制好营养土，基质配比为园土：农家肥：腐殖质为6∶2∶2，移栽到营养袋中继续培育，移栽苗高度在10cm以内，4～6枚叶片小苗为宜。早期幼苗需搭荫棚遮阴，防止暴雨冲土；当幼苗长高至20cm以上时，可以逐步撤除遮阳网，对幼苗后期的组织充实和茎粗生长有较好的促进作用。扦插的金缕梅科植物，一年苗即可出圃移栽。

（2）无性繁殖

扦插繁殖　扦插繁殖可以在短期内培育出大苗，缩短育苗时间，提高土地利用率。扦插繁殖适合大部分的金缕梅科植物，檵木属、蚊母树属等在园林中应用较为广泛的植物，多数是靠扦插繁殖来扩大个体数量的，尤其对一些有较好观赏效果的品种和个体，扦插能够保持其优良性状，并快速扩大数量，已经是其唯一的繁殖手段了。扦插繁殖对于珍稀种类、种子不易获得的种类、需要保持优良性状的种类，是一个扩大种群数量的主要的繁殖方式，也是播种繁殖的一个重要补充。

在曾经做过扦插繁殖试验的几种金缕梅科植物来看，枫香树属、牛鼻栓属和金缕梅属是扦插成活率比较低的类群。蚊母树属、银缕梅属和檵木属是比较容易扦插，并且成活率比较高的类群。从发表的历史资料得知，马蹄荷、红花荷、壳菜果、双花木等均做过扦插繁殖试验，并能够达到生产对种苗扦插成活率的要求。

硬枝扦插：用已经充分木质化的二年生枝条作为扦插材料，插条多选择生长健壮的树冠中上部的枝条，无病虫害，节间均匀；多数在春季扦插，利用休眠枝，在芽萌动前扦插，插条抗腐蚀能力强，不易腐烂，温度低，可维持生根时间长；尤其是落叶种类上述特点最为突出。在萌芽前15～30天内采条，根据不同的树种，插条长度不一，要保证至少有3个以上的芽点。扦插时间可以在采条后即可进行，一般根系活动时间（即生根时间）要早于叶芽萌动时间。

扦插基质的准备：扦插基质一般要求是保水性强和热熔性大，常用的基质多采用河沙、珍珠岩、蛭石和泥炭等材料，它们均是透气性好，排水良好的扦插基质，在扦插之前，需要对插床基质进行适当的消毒。

插穗的消毒：插穗切口会造成病原菌的侵袭，造成切口腐烂，一般扦插之前用多菌灵或者百菌清进行插穗的消毒，等药液阴干后储藏或者扦插。

对金缕梅科植物的插穗进行生根处理能够提高生根率；在小规模试验中，多数用80mg/L的吲哚丁酸来对插穗进行12小时的浸泡处理，也可以用2000mg/L的浓吲哚丁酸对插穗做速蘸处理，也可以同时结合用高锰酸钾处理，扦插效果更佳。

在扦插银缕梅的过程中，对2个月还未生根的插穗进行再次的吲哚丁酸溶液速蘸处理，生根率提高到85%～90%，这是一个可靠的方法。

在生产上对金缕梅科进行扦插时，购买ABT生根粉对插穗进行处理，可以提高插穗的生根率，并达到大田生产的需求。

嫩枝扦插：在江南地区，多在梅雨季节期间进行苗木的扦插；从植物扦插所需条件来看，梅雨季节，温度、水分和空气湿度也符合生根要求，一般生根较快；另在梅雨季节，雨水过多，需要注意排水和通气。多数植物在6月下旬至7月上旬，当年生枝条已充分木质化，可以采集枝条进行扦插；如当年生枝条未木质化，可以延期扦插。夏季扦插生产的做法多是采用控制空气湿度，可自动喷雾的插床上进行扦插，这种插床是比较适合金缕梅科植物进行扦插的，通过喷雾在插穗叶片上形成一层水膜，可抑制蒸腾和补充基质水分。在夏季高温季节，通过水分蒸腾作用，还可达到降温的效果。

嫩枝扦插插穗的选择，选择节间均匀、生长旺盛的枝条，保留顶端的2～3片叶片，过大的叶片剪掉一半或多半，保留一定的呼吸作用，插穗插口带踵，有利于生根。也有少数如红花檵木，采用叶芽插的方法，但需要的技术要求较高，并不常用。

在金缕梅科植物嫩枝扦插中，基质和插穗的消毒、杀菌是提高生根率的一个最重要前提条件，保温、保湿和遮阴是必不可少的条件。带叶扦插和生根剂处理能够显著提高生根率。

植物园进行少量金缕梅科植物的扦插时，通常利用素烧盆来作为扦插的容器，通过烘箱把扦插基质进行消毒，通过高温烘烤，消灭各类病原菌和杂草种籽，对后期插穗生根率提高和减少生根后除草管理有较好的效果。嫩枝扦插苗在第二年春季可以进行移栽。

扦插密度一般在每平方米50株，以插穗叶片隐约能看到苗床为好。扦插深度一般在插穗长度的1/2～1/3。

金缕梅科的檵木、蚊母树、小叶蚊母树和银缕梅等插穗长度多数在10～15cm之间，对于节间较长的马蹄荷、半枫荷、蜡瓣花和蕈树等，插穗长度可达20cm左右。

扦插生根时间因不同种类和扦插时间而有所不同。以嫩枝插为例，银缕梅、红花檵木、小叶蚊母树和水丝梨几种植物，红花檵木和小叶蚊母树的生根时间最短，在插后30天的即可大部分生根；水丝梨在40天左右，大部分生根；银缕梅生根时间比较长，从25天出现新根到50～60天大部分生根。这主要和植物本身的愈伤组织形成能力和根系再生能力有关。

插后管理：插后的水分管理对成活率非常重要，扦插后苗床必须立即灌透水，让基质下沉，让基质和插穗之间的空隙充实，接触紧密，有利于根系的发生。遮阴也是一个非常好的提高插穗生根率的有效措施，金缕梅科植物的扦插，都需要遮阴并结合自动喷雾，一般遮光率需要达到60%。在苗床内出现插穗发黄腐烂等症状时，及时进行处理，对病株拔出销毁，对根部土壤进行更换。

组织培养　利用植物细胞的全能性，利用在实验室中的组培设备，进行珍稀种苗的快速繁殖，在金缕梅科植物中，有人做过金缕梅、半枫荷、银缕梅、四药门花的组织培养工作，采用种胚、芽尖、雄蕊和子房的器官，在实验室中配合不同的培养基，再辅以合适的光照和温度进行无菌培养，之后再经过出瓶、锻炼和正常管理等阶段，培育出健康的幼苗，为这些物种的快速繁育提供了一个比较好的方法和途径。

空中压条　部分珍稀种类数量较少，种子和插穗均不易获得，在植物园异地保育的植株，可以利用空中压条的方式进行苗木的增殖。这种方法对母株的影响较小，同时，又能稳定繁殖出新的植株，缺点是繁殖量太小，操作难度大，不适合在生产上普及。

2. 金缕梅科植物栽培技术要点

金缕梅科植物中，5龄以下的幼树比较喜欢中生的生长环境，略有荫蔽的环境有利于幼苗的生长发育，在林下亦可受周围大树的庇护，环境变化会较小。乔木种类的成年树渐喜光至全光照条件。本科植物均喜湿润的生长环境，檵木属、四药门花属、蜡瓣花属植物在溪流两岸分布最多，枫香树属、牛鼻栓属和银缕梅属植物是其中比较耐旱的种类。

（1）对定植地的选择

在植物园内栽植的地点，应选择在比较湿润，光照条件较好的地块，至少有比较好的侧面光照。常绿种类幼树耐阴能力略强，成年后喜光，需要选择一个保证阳光充分的生长环境，落叶种类尽量栽培在全光照的种植点，还要有比较好的水湿条件。在气候湿润地区，无需过多的人工管理，即可生长正常。在偏北的长江流域一带至暖温带，栽培地点需要有人工补水的条件，以满足本科植物对水分的需求。

（2）对土壤的要求

金缕梅科植物对土壤要求不严，多数喜酸性土壤，牛鼻栓可以在弱碱性土壤上生长，在植物园内一般的地块，酸性至中性土壤均能够满足其正常生长。如土壤板结或者比较黏重，则需要对土壤进行改良，最小程度可以对种植穴内的填充土进行改良。通常用腐叶土、泥炭、沙和农家肥与园土进行充分混合。

（3）幼树期管理

幼树或者幼苗栽植后，需要及时浇透定根水，较细弱的苗需要绑扎竹竿支撑，直径5cm以上的大苗需要用竹竿三角支撑。在栽植数量较少时，应提前一年准备苗木，地栽苗木需要挖起移栽到盆中或种植袋中，让其萌发须根。移植季节应主要放在春季，有些落叶种类可以在秋季移栽。种植时，种植穴稍微挖深一点，需提前在种植穴底部垫上混合好的营养土，可以适当混合一些农家肥和复合肥，再把幼树脱盆，放置种植穴中间，四周填拌好的营养土，边填边踩实，盆土的土面需略高于种植穴的边沿。浇透水后再覆盖一层干土或者是腐叶土即可，北方干旱地区，需要在浇透水后，在上面覆盖薄膜，以利保湿保墒。

（4）水分管理

新移栽的幼树，需要经常检查，一般多在3天后再浇一次透水，再过一周，再浇一次透水，正常的3次透水，足以保证所栽苗木的正常成活。成活后的水分管理需要根据天气情况，根据栽培地块土壤的干湿情况，在干旱季节及时的浇水；在雨季注意新栽苗木的排涝。在前3年，需要关注苗木的水分管理，之后除了大旱大涝，不需要更特殊的管理。

金缕梅科

Hamamelidaceae R. Br. nom. cons., in Narrative of a Journey in the Interior of China, 374. 1818.

常绿或落叶乔木和灌木。叶互生，很少是对生的，全缘或有锯齿，或为掌状分裂，具羽状脉或掌状脉；通常有明显的叶柄；托叶线形，或为苞片状，早落、少数无托叶。花排成头状花序、穗状花序或总状花序，两性，或单性而雌雄同株，稀雌雄异株，有时杂性；异被，放射对称，或缺花瓣，少数无花被；常为周位花或上位花，亦有为下位花；萼筒与子房分离或多少合生，萼裂片4～5数，镊合状或覆瓦状排列；花瓣与萼裂片同数，线形、匙形或鳞片状；雄蕊4～5数，或更多，有为不定数的，花药通常2室，直裂或瓣裂，药隔突出；退化雄蕊存在或缺；子房半下位或下位，亦有为上位，2室，上半部分离；花柱2，有时伸长，柱头尖细或扩大；胚珠多数，着生于中轴胎座上，或只有1个而垂生。果为蒴果，常室间及室背裂开为4片，外果皮木质或革质，内果皮角质或骨质；种子多数，常为多角形，扁平或有窄翅，或单独而呈椭圆卵形，并有明显的种脐；胚乳肉质，胚直生，子叶矩圆形，胚根与子叶等长。

全世界30属140种，主要分布于亚洲东部；北美及中美有5属11种，其中2个是特有属；非洲南部1属7种，马尔加什1属14种，大洋洲2属2种。作为现代分布中心的亚洲，金缕梅科特别集中于中国南部，有17属75种16变种。此外，日本有4属10种，印度有4属6种，中南半岛有8属10种，马来西亚及印度尼西亚有5属7种，菲律宾有2属2种，亚洲西部有3属3种。在这些亚洲的区系成分中，只有 *Maingaya*、*Parrotia* 及 *Parrotiopsis* 分别为马来西亚、伊朗及印度所特有，原产菲律宾的 *Embolanthera* 已在中越边境上找到了第二个种，其余的都属于中国金缕梅植物区系的成分。

现代金缕梅植物区系按系统发育划分为6个亚科在中国均有代表，特别是它们当中代表原始类型的5亚科8属，全部产于中国，或以中国为分布中心，甚至是中国特有的属。山铜材属（*Chunia*）是特有的单种属；半枫荷属（*Semiliquidambar*）是特有的寡种属；双花木属（*Disanthus*）及壳菜果

各论
Genera and Species

属（*Mytilaria*）是以中国为分布中心的单种属；蕈树属（*Altingia*）、红花荷属（*Rhodoleia*）、马蹄荷属（*Exbucklandia*）、枫香树属（*Liquidambar*）的分布中心均在中国南部及西南部。第6亚科是单胚珠的金缕梅亚科。在已知的19个属当中，有9个在系统上比较原始的属分布于中国，其中四药门花属（*Tetrathyrium*）、牛鼻栓属（*Fortunearia*）及山白树属（*Sinowilsonia*）是特有的单种属，只有金缕梅属（*Hamamelis*）和蚊母树属（*Distylium*）同时分布于北美及中美；其余像蜡瓣花属（*Corylopsis*）、水丝梨属（*Sycopsis*），及檵木属（*Loropetalum*）、秀柱花属（*Eustigma*）都集中分布于我国。

在地质时期，从白垩纪及第三纪的地层里都发现过金缕梅科植物的化石。在欧亚—北美古陆的极北地区，曾先后找到枫香树属（*Liquidambar*）、金缕梅属（*Hamamelis*）、*Parrotia*、*Fothergilla*的化石，在日本有蜡瓣花属（*Corylopsis*）的化石，在北美西部有枫香树属（*Liquidambar*）及马蹄荷属（*Exbucklandia*）的化石。此外，在北欧及西南欧等地还有 *Hamamelites*、*Hamamelidoxylon*、*Hamamelidanthium* 3个化石属，前两个属是和金缕梅属（*Hamamelis*）较为接近，最后1属则近似双花木属（*Disanthus*）。中国金缕梅植物的原始性和复杂性是任何其他大陆都无法比拟的，因此中国南部不仅是金缕梅植物区系的现代分布中心，还可能是它的起源中心。既然金缕梅植物的化石在白垩纪地层出现过，则金缕梅区系的兴起将比白垩纪更早些。根据古地理的资料，中国南部的华夏古陆，从三叠纪末期或侏罗纪的前期，就已稳定下来不再经受重大的地质变迁，那么金缕梅植物区系和现存的其他多心皮类植物在这块古陆孕育和发展起来是完全可能的。对于金缕梅植物的系统发育和地理分布的深入探讨，将为研究中国植物区系的起源和发展提供很有价值的资料。

金缕梅科分属检索表

1a. 胚珠及种子5~6或多数；花序头状或肉质穗状；叶脉多掌状，稀羽状
  2a. 头状花序具花2，叶脉掌状 ···································· 3. 双花木属 *Disanthus*
  2b. 头状花序或肉质穗状花序，有花5至多朵，叶脉掌状或羽状
    3a. 花两性，具花瓣或无；托叶大或缺，叶具掌状脉，稀羽状，蒴果突出头状果序外
      4a. 头状花序，花瓣线形或匙形
        5a. 花瓣线形，白色，或不存在；叶具掌状脉，托叶大 ·········· 5. 马蹄荷属 *Exbucklandia*
        5b. 花瓣匙形，红色，叶具羽状脉，无托叶 ················ 13. 红花荷属 *Rhodoleia*
      4b. 肉穗状花序，花瓣稍带肉质，带状舌形 ················ 10. 壳菜果属 *Mytilaria*
    3b. 花单性，无花瓣；托叶线形，叶具掌状脉或羽状脉，蒴果藏于头状果序内
      6a. 花柱宿存，叶片掌状裂或单侧裂，具离基三出脉
        7a. 叶掌状裂，基部心形，头状果序球形 ················ 8. 枫香树属 *Liquidambar*
        7b. 叶异形，3裂，单侧裂，或不分裂，基部楔形，头状果序近球形，底部平截·····················
                                       14. 半枫荷属 *Semiliquidambar*
      6b. 花柱脱落，叶不裂，具羽状脉，无离基三出脉 ··········· 1. 蕈树属 *Altingia*
1b. 胚珠及种子1；花序总状或穗状；叶具羽状脉，不分裂
  8a. 花无花瓣，萼筒壶形，雄蕊定数或不定数，子房上位或半下位
    9a. 花序总苞显著，白色 ···························· 12. 白缕梅属 *Parrotiopsis*
    9b. 花序总苞不显著，非白色
      10a. 穗状花序长，萼筒长，萼齿及退化雄蕊5，第一对侧脉有第二次分支侧脉 ·····················
                                  15. 山白树属 *Sinowilsonia*
      10b. 穗状花序短，萼筒短，萼齿0~6及雄蕊1~10，第一对侧脉无第二次分支侧脉
        11a. 子房半下位 ···························· 11. 银缕梅属 *Parrotia*
        11b. 子房上位
          12a. 下位花，萼筒极短，花后脱落，蒴果无宿存萼筒包着········ 4. 蚊母树属 *Distylium*
          12b. 周位花，萼筒较大，花后增大，包住蒴果 ··········· 16. 水丝梨属 *Sycopsis*
  8b. 花有花瓣，萼筒倒圆锥形，雄蕊定数，子房半下位，稀为上位
    13a. 带状花瓣4或5，退化雄蕊鳞片状，花序短穗状，果序近于头状
      14a. 花瓣4，常绿或落叶
        15a. 叶全缘，常绿，叶片小，花白色或紫红色 ·········· 9. 檵木属 *Loropetalum*
        15b. 叶有锯齿，落叶，叶片大，花黄色 ·············· 7. 金缕梅属 *Hamamelis*
      14b. 花瓣5，常绿 ······················ 17. 四药门花属 *Tetrathyrium*
    13b. 倒卵形或鳞片状花瓣5，退化雄蕊有或无，花序总状或穗状
      16a. 花瓣匙形或倒卵形，蒴果近无柄，宿存花柱向外弯 ········· 2. 蜡瓣花属 *Corylopsis*
      16b. 花瓣鳞片状，蒴果有柄，先端伸直，尖锐············· 6. 牛鼻栓属 *Fortunearia*

蕈树属

Altingia Noronha, Verh. Bat. Genootsch. 5: Art. II, 9, 1785; ed. 2, 41, 1827.

　　常绿乔木。顶芽被鳞片，长卵形。叶革质，卵形至披针形，具羽状脉，全缘或有锯齿，有叶柄，托叶细小，早落。花单性，雌雄同株，无花瓣。雄花排成头状或短穗状花序，常多个头状花序再排成总状花序，每个头状花序有苞片1~4片。雄花有多数雄蕊，花丝极短，近于无柄；花药倒卵圆形，先端平截，2室，纵裂；雌花5~30朵排成头状花序，总苞片3~4片，具长花序柄；萼筒与子房合生，萼齿完全消失或为瘤状突起；退化雄蕊存在或缺；子房下位，2室，花柱2，脱落性；胚珠多数，着生于中轴胎座上。头状果序近于球形，基部平截；蒴果木质，室间裂开为2片，每片2浅裂，无萼齿，亦无宿存花柱。种子多数，位于胎座基部的发育完全，多角形或略有翅，种皮角质，胚乳薄。

　　本属约12种，我国有8种；分布于我国华南和西南地区，其余见于中南半岛、印度、马来西亚及印度尼西亚。

　　本属多数种类从树皮流出的树脂可供药用，或作香料及定香之用。木材可供建筑及制家具，亦用作放养香菇的母树。

　　在APG Ⅳ中，把原金缕梅科进行了拆分，主要根据果实形态特征，单独成立了一个科——蕈树科。蕈树科只包含一个属——枫香树属（*Liquidambar*），包括原来的蕈树属、半枫荷属和枫香树属。本文依旧采用恩格勒分类系统，仍将蕈树属放在金缕梅科中进行描述。

蕈树属分种检索表

1a. 果序倒锥形。
　　2a. 叶宽1.5~3cm；顶端尾尖，基部宽楔形或钝圆 ··················3. **细柄蕈树 *A. gracilipes***
　　2b. 叶宽3.5~5cm；顶端渐尖，基部微心形、圆形或阔楔形 ··············4. **薄叶蕈树 *A. tenuifolia***
1b. 果序近于球形。
　　3a. 叶柄较纤细，长2~4cm ··2. **细青皮 *A. excelsa***
　　3b. 叶柄长度不足2cm。
　　　　4a. 叶片倒卵状矩圆形，叶柄短，4~10mm ······························1. **蕈树 *A. chinensis***
　　　　4b. 叶片矩圆形，锯齿明显，叶柄长1.5~2cm ···················5. **云南蕈树 *A. yunnanensis***

1
蕈树

别名： 阿丁枫、半边风、半边枫、枫荷、糠娘子、老虎斑、檀木

Altingia chinensis (Champ.) Oliver ex Hance, Journ. Linn. Soc. Bot. 13: 103. 1873.

植株

树干

成熟果序

雌花序

自然分布

产于福建、广东、广西、贵州、海南、湖南、江西、云南东南部和浙江；越南也有分布。生于海拔600～1000m的山林中。

迁地栽培形态特征

常绿乔木，栽培树高3～10m。

茎 树皮灰白色，粗糙，不裂；嫩枝绿色，光滑无毛，后变灰色；芽卵形，有多数暗褐色鳞片，鳞片光亮。

叶 叶革质或厚革质，倒卵状长圆形，长6～14cm，宽2～5cm；叶缘有钝锯齿；侧脉7～9对，在上面微凹，背面突起；顶端短急尖，基部楔形；叶面深绿色，下面浅绿色，两面无毛；叶柄短，较粗壮，无毛，长4～10mm。

花 雌雄同株；雄花序短穗状，长约1cm，常排成圆锥状，花序柄有短柔毛，长度1～3cm，雄花无花被，具多数雄蕊，花丝极短。雌花序头状，常单生叶腋或组成圆锥花序，有花12～20朵；花序柄长2～4cm；苞片4～5枚，卵形或披针形，长1～1.5cm；雌花无花瓣；花柱长3～4mm，先端向外弯曲。

果 头状果序近于球形，径1.5～2.7cm。种子多数，多边形，暗褐色，有光泽，长约2mm。

本种分布广泛，东亚特有植物。依据IUCN濒危物种红色名录标准和等级，对该种植物进行评估，列为无危（LC）物种。

引种信息

华南植物园 登录号xx060001，引种地不详；登录号20101176，引自广东清远市阳山县秤架镇瑶族乡南岭森林自然保护区，引种材料为幼苗。

南京中山植物园 登记号82I5401-65，1982年引种，引种材料为种子，引种地不详。
登记号2007I503，2007年引种，引种材料为幼苗，来自中南林业科技大学植物园。

杭州植物园 引种号11C22002-085，2011年11月19日引种，引自中南林业科技大学，引种材料为幼苗。

武汉植物园 引种号140517，2014年引种，引自广西百色市那坡县德隆乡德孚村，引种材料不详。

物候和生长情况

华南植物园 3月上旬现蕾期，展叶期3月中上旬；3月中旬至4月下旬花期，其中盛花期3月下旬至4月中旬；果期4月下旬至7月上旬。生长良好。

南京中山植物园 2月下旬叶芽膨大期，3月上旬现蕾期；3月中旬至下旬展叶初期，4月上旬展叶盛期，4月中旬盛花期，4月下旬末花期；果熟期9月中旬至10月上旬。生长表现一般，略有冻害。

杭州植物园 3月中旬叶芽萌动期；3月下旬至4月上旬展叶；4月上旬开花；果熟期9～10月。

武汉植物园 5月下旬展叶始期，6月上旬展叶盛期。生长良好。

适合栽培区域

我国长江以南的中低海拔地区可种植。

迁地栽培要点

喜温暖湿润的气候，喜光，生长速度较快，萌发力强，对土壤要求不严，以疏松透气、排水良好的肥沃土壤为佳，短期–10℃以内的低温能正常越冬。

幼苗生长高峰期8～9月，期间加强水肥管理，可以促进苗木生长加快，光照过强和空气干燥会影响生长。可播种繁殖，果实采回后堆放3~5天，经暴晒使蒴果开裂并敲打使种子散落，收集纯净的种子后可干藏，于早春混合细土播种。

主要用途

干形通直，树冠圆锥形，枝繁叶茂，树形优美，是优秀的园林绿化观赏树种；由于材质致密、坚韧，是优良用材树种，木材可供建筑家具用；蕈树树脂可提取蕈香油，供药用和香料用。

识别要点

果序球形，叶片倒卵状矩圆形，叶柄短，长4~10mm。

全株　花芽　幼果序　叶背　叶面

雌花序

当年生小枝

二年生枝条

种子已掉落果序

雄花序

2
细青皮

Altingia excelsa Noronha, l. c.; Kurz in For. Fl. Brit. Burm. 1: 446. 1877.

整株

自然分布

分布于我国云南的东南及西南部，西藏东南部的墨脱；同时亦见于印度、缅甸、马来西亚及印度尼西亚。

迁地栽培形态特征

常绿乔木，栽培植株高6~7m。

茎 嫩枝无毛或稍有短柔毛，标本干燥后暗褐色，老枝有皮孔。

叶 叶薄革质，干后近于膜质，卵形或长卵形，长6~12cm，宽4~6.5cm；先端渐尖或尾状渐尖，基部圆形或近于微心形，下面初时有柔毛，以后变秃净，仅在脉腋间有柔毛；侧脉6-8对，在叶面明显，在叶背突起，靠近边缘处网结；网脉在上下两面均明显；边缘有钝锯齿；叶柄较纤细，长可达4cm，略有柔毛。

花 雄花头状花序常多个再排成总状花序，雄蕊多数，花丝极短，约长1mm，无毛，花药比花丝略长；雌花头状花序生于当年枝顶的叶腋内，通常单生，有花8~22朵；萼筒完全与子房合生，藏在花序轴内，无萼齿，花柱长3~4mm，被柔毛；花序柄长2~4cm，花后稍伸长，有短柔毛。

果 头状果序近圆球形，宽1.5~2cm；蒴果完全藏于果序轴内，无萼齿，不具宿存花柱。

本种分布于南亚和东南亚及我国热带地区。依据IUCN濒危物种红色名录标准和等级，对该种植物进行评估，列为无危（NT）物种。

引种信息

西双版纳热带植物园 登记号00,2009,0590。2009年引种，引自云南红河哈尼族彝族自治州禄春县平和乡。引种材料为苗木。

物候和生长情况

西双版纳热带植物园 1月上旬花芽膨大，2月中旬开花始期，2月下旬盛花期，3月中旬花期结束；

叶背

叶面

叶柄

1月上旬开始展叶，2月上旬至4月中旬展叶盛期，5月上旬展叶末期；8月中旬至10月下旬果熟期；1月中旬至5月上旬落叶期。生长速度快，生长良好，无病虫害。

适合栽培区域

本种适合南亚热带栽培，中亚热带可以试种。

迁地栽培要点

本种自然分布于我国云南热带地区，只有西双版纳植物园有栽培，从栽培情况看，生长较好，栽培环境光照条件较好，适应热带季雨林气候，对干旱也有一定的忍耐能力，2019年春夏季干旱，细青皮生长未受大的影响。本种可采用种子繁殖，扦插亦可。在养护过程中，注意侧方不拥挤，不遮挡光照即可。栽培土壤为pH5~6的酸性红壤或者砖红壤即可。

主要用途

本种可用于热带地区的造林和生态林树种，亦可应用于园林，可栽培作行道树、庭荫树等。

识别要点

细青皮具卵形而薄的叶片，先端尾状渐尖，基部圆形，叶柄在本属的物种当中是较长的，最大可达4cm。容易和本属其他种类相区别。

雌花序　　雄花序

叶序　　当年生枝条

树干

近成熟果序

幼果序

成熟果实

幼果

果实

3

细柄蕈树

别名： 细柄阿丁枫、细齿蕈树

Altingia gracilipes Hemsl., Hook. Ic. Pl. 9: t. 2837, 1907.

全株

全株

自然分布

产于福建、广东东部、海南和浙江南部。生于海拔400～1000m的常绿阔叶林中。

迁地栽培形态特征

常绿乔木，栽培树高7～12m。

茎 树皮灰色，不裂，小枝褐色有短柔毛；芽卵圆形，有多数鳞片，鳞片褐色，有光泽，略有微毛。

叶 叶革质，卵形至椭圆形，长4～6cm，宽1.5～3cm；叶缘全缘或有细密齿；侧脉约6对；先端具尾尖，基部宽楔形或圆钝；叶面深绿色，背面浅绿色，两面无毛；叶柄细长，1～4cm，无毛；托叶无。

花 雌雄同株；雄花头状花序近球形，径5～6mm，常多个排成圆锥花序，生于枝顶叶腋，雄蕊多数，近无柄，花药倒卵圆形；雌花头状花序生于当年枝的叶腋，单生或数个排成总状式，有花4～6朵；花序柄长2～3cm，有灰褐色柔毛；萼齿鳞片状，子房完全藏在花序轴内，花柱2，长约2.5mm，先端向外弯曲。

果 头状果序倒圆锥形，径1.5～1.8cm，有蒴果4～6个。种子多数，细小，多角形，浅褐色，径1～2mm。

本种分布广泛，东亚特有植物。依据IUCN濒危物种红色名录标准和等级，对该种植物进行评估，列为无危（LC）物种。

引种信息

南京中山植物园　登记号82I5401-34，1982年引种，引种地不详。

杭州植物园　引种号59C11005S95-1490，1959年1月引种，引自浙南地区，引种材料为幼苗。

武汉植物园　引种号161415，2016年引种，引自江西赣州市石城县横江镇桃花村。

上海辰山植物园　个体号20071045-1，2007年引种，引自上海植物园。

物候和生长情况

南京中山植物园　3月上旬花芽膨大、叶芽萌动，3月中旬现蕾期，3月下旬展叶期、开花初期；4月上旬盛花期；9月中旬至10月中旬果熟期。生长略慢，耐寒性中等，个别寒冷年份略有冻害。

杭州植物园　2月下旬叶芽萌动期，3月下旬至4月上旬展叶期，4月上旬至中旬开花期；9月上旬果熟始期，10月下旬果熟末期。生长速度较快，在杭州生长情况良好。

武汉植物园　3月中旬展叶始期，3月下旬展叶盛期，4月上旬展叶末期。生长良好。

上海辰山植物园　4月上旬始花期，4月中旬盛花期；果熟期10月。生长表现良好。

适合栽培区域

长江以南各地可栽培，幼树在-10℃会叶片受冻，生长速度较快。

迁地栽培要点

喜温暖湿润环境、喜光、耐阴，以疏松透气、排水良好的土壤为佳，适于我国亚热带以南地区栽培。繁殖以播种为主。蒴果成熟时采收，晒至蒴果开裂，收取种子，干燥贮藏，早春播种。

主要用途

本种树姿优美，枝叶茂密，叶片浓绿，可作园林绿化观赏树种；木材可供建筑家具用，也是良好的栽培食用菌材料；树脂含有芳香性挥发油，可供药用及香料和定香之用。

识别要点

叶片卵形或卵状披针形，基部圆形，有齿或无齿，长4～6cm，具尾尖，在本属植物中叶片最小；果序倒锥形，种子4～6粒。

叶面

叶背

一年生小枝

树干

近成熟果序

叶序

叶面

叶柄

雄花序

成熟果序

花序梗

4

薄叶蕈树

Altingia tenuifolia Chun ex Chang, Journal of Sun Yat-sen University. (2) 34. 1959.

植株　　植株

自然分布

江西南部及贵州。

迁地栽培形态特征

常绿乔木，高 15m。

🌿 **茎** 嫩枝有浓密短柔毛，后渐脱落；老枝秃净无毛，有稀疏皮孔。

🍃 **叶** 叶薄革质，卵形，长 4.5～7cm，宽 3.5～5cm；先端渐尖至尾尖，尾部长约 1cm，基部微心形、圆形或阔楔形；边缘有钝锯齿；侧脉 5～6 对，在叶面明显，在背面稍突起，离边缘约 4mm 处相结合；网脉在上下两面均显著；叶面绿色，无毛，下面无毛；叶柄长 1～2cm，初被浓密茸毛。

🌸 **花** 雄花序数个排成圆锥花序，花序柄被柔毛，长 1.5～2.5cm；花序长 3～4cm，苞片 4～6，有褐色柔毛，雄蕊短；雌花序头状，生于叶腋处，单生或排成总状，有花 5～11 朵；花序柄长 2～3cm，被浓密柔毛；花柱短。

果 头状果序单生，倒锥形，径1.5cm；有蒴果5～11个，排列在果序的上半球；果序柄长2～3cm；蒴果完全藏在头状果序轴内，室间裂开为2片，每片2浅裂。

本种分布区狭窄，我国特有植物。依据IUCN濒危物种红色名录标准和等级，对该种植物进行评估，列为近危（NT）物种。

引种信息

华南植物园 引种年代已久，引种信息不详。

物候和生长情况

华南植物园 3月上旬现蕾期，3月中旬始花期，3月下旬至4月中、下旬盛花期，4月下旬至5月上旬末花期；4月下旬至6月下旬果期；萌芽期2月下旬，3月上、中旬展叶期。

适合栽培区域

南亚热带气候区均可种植，中亚热带可以试种。

迁地栽培要点

本种在适当气候条件下，无需采用特殊的管理条件，即可正常生长。从华南植物园生长情况看，本种喜光，耐热，适合生长于热量高，光照充足，冬季少霜冻的生长环境。种子繁殖。

主要用途

树体高大，树冠卵形，生长迅速，适合做造林树种。

识别要点

叶片卵形，叶片基部圆形和楔形均有，嫩叶和嫩枝均被浓密茸毛，有钝锯齿，和有锯齿的细柄蕈树相似，唯后者叶片较小，无毛，蒴果倒圆锥状。

雄花序

讨论

    本种性状与《中国植物志》和 *Flora of China* 的描述均有所差异。一是叶片基部形态不同，同一栽培单株的叶片基部有圆形、楔形两种叶形；二是蒴果种子数量，栽培单株蒴果种子有5~11个，区别于原描述的6个；三是叶柄被毛情况，植物志描述无毛，栽培单株叶柄和嫩枝有浓密短茸毛，是否会后期脱落，暂不得而知。从现有《中国植物志》及 *Flora of China* 记录的几个种中，和薄叶蕈树最为靠近，但也有所差异，是否为其他种类，尚难确定。在华南植物园记录中，引种资料里标注为越南苏合香，有2个来源，一为19760806，来自商业部的国外来的种子；一为19960144，引自西双版纳热带植物园的种子，从树形及年代来看，应为19760806的越南苏合香这个种的资料信息。越南苏合香现已并入镰尖蕈树，但栽培单株和镰尖蕈树在叶形上差别较大，在果型上差别更大，本种果序更接近倒锥形，属于这一分类特征的只有细柄蕈树和薄叶蕈树两种，叶片特征符合薄叶蕈树；综合各个特征，本种似为一杂交种。故在本书中将本种暂定为薄叶蕈树，在后续的观察中，继续对其进行深入的实验研究和探讨，以确定其具体分类地位。

幼果期

雌花序

花序轴

雄花序

雄花序

成熟果序

叶背

二年生枝条

叶面

叶序

一年生小枝

5

云南蕈树

别名: 白皮树、桂阳渣、桂阳遮、苦梨树、苦木梨、蒙自阿丁枫

Altingia yunnanensis Rehd. et Wils., Pl. Wils. 1: 422. 1913.

植株   花序

自然分布

分布于云南的东南部。常见于红河及南溪河流域。

迁地栽培形态特征

常绿小乔木至乔木,栽培植株高7m。

🌳 树皮褐色至灰褐色，稍粗糙；小枝灰褐色，具皮孔状突起，幼时被银白色星状柔毛，后渐无毛。

🍃 叶互生，革质，长圆形，长6～14m，宽3.5～6.2cm；顶端急尖，具短尾尖，边缘具明显锯齿，基部楔形，侧脉每边7～10条，在叶面明显，在背面突起，网脉在两面均明显，两面无毛；叶柄长1.5～2cm，仅幼时被星状柔毛（南京植物园栽培单株叶片两面被厚茸毛）；托叶线状，早落。

🌸 雄花序头状，椭圆形，长9～10mm；常数个排成圆锥状，顶生或枝顶腋生，花序梗长3.5～5.5cm，苞片卵形至卵状披针形，早脱落，雄蕊多数，近无柄；雌花序头状，常单生于雄花序的基部或排成总状（华南植物园观察）；花序梗长2～4cm，常具10～20余朵花，花柱长约4mm，被银白色星状柔毛，萼齿鳞片状。

🍎 果序头状，球形或近球形，径2～2.5cm，果序梗长3.5～5cm；蒴果无宿存花柱，仅近顶端稍突起。未能观察到种子。

本种是我国特有植物。依据IUCN濒危物种红色名录标准和等级，对该种植物进行评估，列为濒危（EN）物种。

引种信息

华南植物园 登录号20050156，引自昆明植物园；引种材料为种子和幼苗。

南京中山植物园 引种号登记号2007I703，2007年引种，引种材料幼苗，引自中南林业科技大学植物园。

昆明植物园 1966年引种，引自云南文山壮族苗族自治州。

物候和生长情况

华南植物园 2月下旬至3月上旬展叶期、现蕾期，3月中旬至5月下旬花期，其中盛花期为4月至5月上旬；5～7月果期。生长良好。

南京中山植物园 3月中旬叶芽膨大期，4月上旬现蕾期；4月中旬至下旬展叶初期，5月上旬展叶盛期，未开花结果。生长表现一般，有冻害，–10℃以下，叶片掉落80%，嫩枝亦有冻伤。

昆明植物园 3月上旬现蕾期，3月中旬始花，4月盛花，4月下旬末花；3月下旬叶芽萌动，4月初开始展叶，4月中旬展叶盛期。未见果。生长良好。

适合栽培区域

中亚热带南缘以南地区可以露地栽培。

迁地栽培要点

本种喜温暖湿润气候，不甚耐寒。幼年树耐阴，成年树喜光；喜深厚肥沃土壤。繁殖采用种子播种方式。优良无性系可用扦插繁殖。

主要用途

亚热带以南地区可以用作造林树种，亦可作为观赏植物，用于庭园道路两旁绿化。

识别要点

果序球形，叶片矩圆形，锯齿明显，叶柄长1.5～2cm。

讨论

在南京中山植物园栽培植株，嫩枝、叶柄、叶片背面被浓厚褐色茸毛，是否为单株差异，抑或是适应冬季寒冷地区变异而来。后续继续观察此单株。

树干

初花期

当年生枝条

老枝

叶柄

叶背

叶面

结果枝

初花期

花序

雄花序

成熟果序

雌花序

幼果

蜡瓣花属

Corylopsis Siebold & Zuccarini, Fl. Jap. 1:45. 1835

落叶或半常绿灌木或小乔木；混合芽有多数总苞状鳞片。叶互生，革质，卵形至倒卵形，不等侧心形或圆形，羽状脉最下面的1对侧脉有第二次分支侧脉，边缘有锯齿，齿尖突出，有叶柄，托叶叶状，早落。花两性，常先于叶片开放，总状花序常下垂，总苞状鳞片卵形，苞片及小苞片卵形至矩圆形，花序柄基部常有2~3片正常叶片；萼筒与子房合生或稍分离，萼齿5个卵状三角形，宿存或脱落；花瓣5片，匙形或倒卵形，有柄，黄色，周位着生；雄蕊5个，花丝线形，花药2室，直裂；退化雄蕊5个，简单或2裂，与雄蕊互生；子房半下位，少数上位并与萼筒分离，2室、花柱线形，柱头尖锐或稍膨大，胚珠每室1个，垂生。蒴果木质，卵圆形，下半部常与萼筒合生，室间及室背离开为4片，具宿存花柱。种子长椭圆形，种皮骨质，白色、褐色或黑色；胚乳肉质，胚直立。

29种。中国有20种及6个变种，主要分布于长江流域及其南部各省。此外，日本有5种，朝鲜1种，印度3种。

本属的多数种类含有矮茶素，可治慢性支气管炎；园艺上亦常栽培作观赏用。

蜡瓣花属分种检索表

1a. 蒴果长度大于2cm···8. 瑞木 *C. multiflora*
1b. 蒴果长度小于2cm。
　2a. 退化雄蕊不分裂··10. 阔蜡瓣花 *C. platypetala*
　2b. 退化雄蕊2裂。
　　3a. 萼筒和子房被星状毛。
　　　4a. 花柱长5~7mm，突出花冠外，或与花冠平齐。
　　　　5a. 萼齿具星毛，雄蕊较花瓣长，总苞状鳞片无毛·····13. 红药蜡瓣花 *C. veitchiana*
　　　　5b. 萼齿无毛，雄蕊比花瓣短，总苞状鳞片被毛。
　　　　　6a. 嫩枝及叶下面被毛·····························11. 蜡瓣花 *C. sinensis*
　　　　　6b. 嫩枝及叶下面无毛·····················12. 秃蜡瓣花 *C. sinensis var. calvescens*
　　　4b. 花柱长1.5-2.5mm，短于花冠。
　　　　7a. 叶下面仅背脉上有毛·····························16. 滇蜡瓣花 *C. yunnanensis*
　　　　7b. 叶下面密被茸毛·····································14. 绒毛蜡瓣花 *C. velutina*
　　3b. 萼筒和子房无毛。
　　　8a. 叶片无毛，叶下面背明显白粉·············7. 灰白蜡瓣花 *C. glandulifera var. hypoglauca*
　　　8b. 叶片有毛或无毛，叶下面不具白粉。
　　　　9a. 花瓣长约2mm·····································9. 峨眉蜡瓣花 *C. omeiensis*
　　　　9b. 花瓣长度在3mm以上。
　　　　　10a. 花序轴无毛，叶卵圆形至倒卵圆形，先端略尖·········6. 腺蜡瓣花 *C. glandulifera*
　　　　　10b. 花序轴被毛，叶倒卵形，先端急短尖·········15. 四川蜡瓣花 *C. willmottiae*

6

腺蜡瓣花

别名: 蜡瓣花、具腺蜡瓣花、腺毛蜡瓣花

Corylopsis glandulifera Hance, Ann. Sci. Nat. Bot., ser. 4, 15: 224. 1861.

树形　整株

自然分布

产于安徽、江西和浙江。生于海拔500～800m的山谷、溪旁和林中。

迁地栽培形态特征

落叶灌木,栽培植株高1.5～3m。

🌿 **茎** 树皮灰褐色,不裂,嫩枝无毛,小枝灰色,无毛,具皮孔;芽狭卵形,外面无毛。

🍃 **叶** 叶卵圆形至倒卵圆形,长5～9.5cm,宽3.5～7cm;先端略尖,基部斜心形,或近圆形;边缘有锯齿,齿尖刺毛状;侧脉6～7对,最下面的1对侧脉靠近基部,有第二次分支侧脉,叶脉在上面稍下陷,下面突起;叶面绿色,无毛,背面淡绿色或灰白色,叶背几无毛,仅脉上疏生柔毛,有时叶基部叶脉上疏被腺毛;叶柄长1.3～2cm,常疏生腺毛;托叶早落,长圆形,长约1.5cm,外面无毛。

🌸 **花** 总状花序生于当年生侧枝顶端,花序柄长6～11mm,花序轴长3～4cm,无毛;苞片卵圆形,无毛;花瓣匙形,长4～6mm,雄蕊长5mm,花柱与花瓣近等长。

🔵果 果序长4~6cm；蒴果近圆形，径6~7mm，萼筒和果实均光滑无毛。种子未见。

本种在华东野外分布广泛，中国特有植物。依据IUCN濒危物种红色名录标准和等级，对该种植物进行评估，列为无危（LC）物种。

引种信息
南京中山植物园 登记号2018I424，2018年6月引种，引自安徽池州市石台县，引种材料为幼苗。登记号2018I201，2018年5月引种，引自浙江温州市苍南县营溪镇营溪大峡谷，引种材料为幼苗。

上海辰山植物园 个体号20120957-1，2012年引种，引自浙江。

物候和生长情况
南京中山植物园 新引种植物，正在缓苗期，2019年6月观察，有新叶发出。表现中等。

杭州植物园 2月上旬至3月中旬叶芽萌动期，3月下旬展叶期；花果未见。11月中旬叶变色期，11月底12月上旬落叶期。生长速度中等，表现良好。

上海辰山植物园 2月上旬芽萌动；3月上旬初花期，3月中旬盛花期，4月上旬末花期；11月中旬落叶期。结果正常。表现良好。

适合栽培区域
亚热带以南地区可以栽培。

迁地栽培要点
喜凉爽湿润的气候，喜光，亦耐阴，较耐寒，土壤以疏松透气，排水良好的微酸性土为好。可采用播种或扦插繁殖。种子可于秋季采收，晒干使种子脱粒，干藏，春季播种；扦插以一年生枝条春插和夏季梅雨季节嫩枝扦插为好。冬季注意保护，需谨防冻害发生。

主要用途
株型饱满，叶片清秀，花色金黄，具有极佳的观赏价值，自然分布海拔较低，较耐热，亦较耐寒，可用于绿化或庭院栽培。

识别要点
嫩枝、顶芽、花序、总苞、萼筒及子房均秃净无毛。

叶面

叶背

花序

花序初放

野外植株

果实

冬态

树干

果序

当年生小枝

花芽

盛花期

7

灰白蜡瓣花

Corylopsis glandulifera var. *hypoglauca* (Cheng) Chang, Journal of Sun Yat-sen University. (1): 65. 1973.

冬态

自然分布

产于安徽、江西和浙江。

迁地栽培形态特征

落叶灌木，栽培植株高度1.7m。

茎 树皮灰黄色，近光滑，具细小皮孔；老枝黄褐色，略粗糙；嫩枝黄绿色，无毛，皮孔明显，芽体光滑无毛，黄绿色略带紫红，有光泽。

叶 叶互生，叶片卵圆形、阔倒卵形或阔卵形，基部心形，不等侧，叶片长4~10cm，宽3.5~8.5cm；边缘具圆钝锯齿，齿尖略突出，具1~2mm长的小尖头；叶片边缘反卷明显；侧脉5~7对，第1对侧脉第二次分支侧脉稍强烈；叶表面深绿色，背面灰绿色，被明显白粉；叶片正反面均光滑无毛；叶柄长1.2~2.2cm，紫红色，光滑无毛，有光泽。

花 总状花序，和嫩叶同时开放；花序柄长5~11mm，花序轴长约3cm，花序轴被稀疏柔毛，总苞状鳞片阔卵形，边缘具长茸毛；苞片卵形，长5mm，外面密被茸毛；萼筒无毛，萼齿三角形，无毛；花瓣匙形。

果 未结果。

引种信息

上海辰山植物园　登记号20121308-1，引种人田旗，引自安徽，引种材料为幼苗。

本种野外分布数量少，中国特有植物。依据IUCN濒危物种红色名录标准和等级，对该种植物进行评估，列为近危（NT）物种。

物候和生长情况

上海辰山植物园　3月下旬花芽膨大期，4月上旬始花期和盛花期，4月中旬后期末花期；3月中旬展叶初期，4月上旬展叶盛期。果未见。10月下旬落叶期。生长较好。

迁地栽培要点

本种在上海生长良好，适合温暖湿润的生长环境，喜光、喜湿，不耐旱、不耐寒。在稍北地区栽培，需注意干旱季节补水，及时做好幼苗的中耕除草工作。未见明显病虫害。

主要用途

树姿端庄，叶片卵圆，蜡黄色花序悬垂，可做绿化树种应用。

识别要点

叶片卵圆形，全株无毛，叶片边缘反卷，花序苞片密被茸毛，可与腺蜡瓣花区别。

讨论

本变种在 *Flora of China* 中，被并入腺蜡瓣花中；从栽培单株来看，叶片卵圆形，边缘锯齿较短，从叶片下部开始即有锯齿，并边缘反卷；苞片外面密被茸毛，花序轴疏被毛，与腺蜡瓣花形态上有差别，并很好区分，在本书中，暂作为一个单独的分类单元处理并进行描述，后续再继续观察，以确定其分类地位。

多年生枝条

树形

一年生枝条

一年生枝条　　　　　树皮　　　　　叶柄

芽　　　　　叶背　　　　　叶面

叶序

花序

8
瑞木

别名： 大果蜡瓣花、茶条树、大果腊瓣花、饭木、假榛、蚂蚁树、牛鼻子

Corylopsis multiflora Hance, Ann. Nat. Bot. IV. 15: 224. 1861.

主干　　整株

自然分布

分布于福建、台湾、广东、广西、贵州、湖南、湖北及云南等地。生于海拔1000~1500m的路边、坡地和森林。

迁地栽培形态特征

半常绿小乔木，栽培相株高5~6m。

🌿 **茎** 树皮不裂，密被皮孔；嫩枝有茸毛，老枝秃净，灰褐色，有细小皮孔；芽体有灰白色茸毛。

🍃 **叶** 叶薄革质，倒卵形，或倒卵状椭圆形，长7~12cm，宽4~8cm；先端尖锐或渐尖，基部心形；侧脉7~9对，第1对侧脉较靠近叶的基部，第二次分支侧脉不强烈，在叶面下陷，在背面突起，直达齿缘，齿尖突出；叶面脉上常有茸毛，背面灰白色，有星状毛，或仅脉上有星状毛；叶柄长1~1.5cm，有星状毛；托叶长圆形，长2cm，有茸毛，早落。

🌸 **花** 花序总状，长3~5cm，基部有1~5叶；总苞卵形，长达2cm，外面有灰白色柔毛；苞片卵形，黄绿色，长6~7mm，有毛；花梗短，长约1mm，花后稍伸长；萼筒无毛，萼齿卵形，长1~1.5mm；花瓣倒披针形，黄绿色，长4~5mm，宽1.5~2mm；雄蕊长6~7mm，突出花冠外；退化雄蕊不分裂，

63

先端截形；约与萼齿等长；子房半下位，无毛，下半部与萼筒合生，花柱比雄蕊稍短。

🔴 **果** 果序长达3～6cm；蒴果硬木质，长达1～2cm，宽达8～13mm，无毛，有短柄。种子黑色，长达1cm。

本种分布广泛，中国特有植物。依据IUCN濒危物种红色名录标准和等级，对该种植物进行评估，列为无危（LC）物种。

引种信息

华南植物园 登录号19790578，引自广西九万大山。

南京中山植物园 登录号2018I143，2017年引种，引自湖北恩施土家族苗族自治州；引种材料为幼苗。登录号2007I673，2007年引种，引自中南林业科技大学植物园，引种材料为幼苗。

武汉植物园 引种号035291，2003年引种，引自湖北来凤县大河镇老板沟村。引种号040819，2004年引种，引自湖南绥宁县黄桑苗族乡。

西双版纳热带植物园 登记号00.2002.2038。2002引种，引自中国广西凭祥市大青山石山树木园，引种材料为苗木。生长良好，无病虫害。

物候和生长情况

华南植物园 2月上、中旬现蕾期，2月下旬至3月下旬花期，其中3月中上旬盛花期；3月下旬至4月上旬展叶期；3～5月果期。生长良好。

南京中山植物园 1月下旬花芽膨大，2月上旬叶芽开始膨大，3月上旬始花期，上旬至中旬盛花期，3月下旬末花期；4月上旬展叶始期，中旬至下旬展叶盛期；9月果熟期。生长表现中等，已开花结果。

杭州植物园 1月上旬叶芽萌动期，花芽膨大期；2月上旬花芽膨大末期；3月上旬盛花期，3月中旬萌芽期，3月下旬展叶盛期；4月上旬展叶末期。表现良好，已开花结果。

武汉植物园 3月上旬始花期，3月中旬盛花期，3月中旬末花期；4月上旬展叶始期，4月上中旬展叶盛期。生长良好。

西双版纳热带植物园 1月上旬花芽膨大，2月上旬开花始期，2月中旬至3月上旬盛花期，4月上旬花期结束；4月上旬开始展叶，4月中旬至5月中旬展叶盛期，4月上旬展叶末期；5月上旬至6月下旬果熟期。落叶期6月上旬至12月下旬。生长良好，无病虫害。

适合栽培区域

长江以南地区可以露地栽培。

迁地栽培要点

性喜光、耐寒，在南京冬季略有冻害，略耐旱，喜深厚湿润且肥沃疏松的土壤。幼苗移栽容易，一般情况下，在春季移栽，幼树需带土球移植，3龄以下幼苗可裸根蘸泥浆移植，成活率90%以上。繁殖主要方式是种子繁殖，扦插次之。

主要用途

花序累累下垂，花黄绿色，甚是美观，叶脉通直且下陷，亦较为奇特，适合做观赏植物。本种生长速度较快，亦可做生态树种进行利用。

识别要点

半常绿，叶片坚纸质，花瓣倒披针形，雄蕊突出花瓣外，蒴果大，可长达2cm。

讨论

华南植物园一栽培单株，叶片正面和背面均无毛，叶片略小且窄，齿尖呈芒状，其他特征同瑞木；又叶片背面无毛，叶片略小，和白背瑞木相像，只花序轴和花序柄被毛。此单株性状介于瑞木和白背瑞木之间，是否为一过渡种，亦或白背瑞木只是瑞木的不同地理型，还有待更多的标本证据支持。

叶背　　幼果序　　果序
花芽　　末花期　　花序
苞片　　一年生枝条　　二年生枝条
叶面　　叶柄

9

峨眉蜡瓣花

Corylopsis omeiensis Yang, Contr. Biol. Lab. Sci. Soc. China. 12: 133, f. 12, 1947.

部分植株

自然分布

分布于我国四川峨眉山、贵州盘县。生于海拔1000~2800m的林中、林缘及沟边，在峨眉山生于海拔1450m的常绿阔叶林中。

迁地栽培形态特征

落叶灌木，栽培植株高2.5m左右。

🌿 树皮暗褐色，粗糙，密被皮孔；嫩枝颜色比老枝深；嫩芽上密被白色毛，后脱落无毛；芽体长卵形，长可达1cm，外侧无毛。

🍃 膜质，长4.5~9.5cm，宽4.3~9cm；椭圆、倒卵或阔卵形；互生，基部心形，不对称，顶端凹进或平；背面为绿色，光滑无毛，叶背为灰绿色，嫩叶浅绿色，老叶深绿色；叶柄纤细，长1.2~3.5cm，无毛；托叶无毛。

花 总状花序生于侧枝顶端，花12～18朵；总苞片鳞片椭圆形；花序柄长1～1.5cm；花序轴长2.0～2.8cm，疏被毛或秃净无毛；花瓣匙形，长2mm，宽1.5mm；雄蕊短。

果 蒴果，较少，果序着生1～2枚果；果实直径0.5～0.7cm；果序长2.2～6.5cm；萼筒无毛，萼齿有褐色毛。种子未见。

本种分布区狭窄，中国特有植物。依据IUCN濒危物种红色名录标准和等级，对该种植物进行评估，列为濒危（EN）物种。

引种信息

峨眉山生物站 登录号03-0328-01-EMS，引自四川峨眉山，引种材料为苗。生长速度中等，长势良好。

物候和生长情况

峨眉山生物站 2月下旬叶芽开始萌动，3月中旬开始展叶，10月上旬开始落叶；7月初花芽萌动，翌年3月下旬开始开放，4月上旬进入盛花期，4月中下旬花开始败落。

适合栽培区域

亚热带以南湿润地区可引种栽培。

迁地栽培要点

喜冷凉湿润气候，不耐寒，不耐热，山地壤土栽培为佳。幼苗耐阴，成年树稍喜光，在荫蔽处开花较少。种子繁殖为主，中亚热带地区可引种栽培。

主要用途

庭院观赏树种，花序细长、鹅黄色或淡黄色，花较小。可用于公园、景区等处的路边、坡地边缘等处绿化应用。

识别要点

峨眉蜡瓣花是蜡瓣花属中花最小的一种，叶片基部心形，略偏斜，叶片先端近心形或平截，全株无毛，蒴果也小。

叶柄

当年生枝条腺毛

多年生枝条

树干

树干

托叶

花解剖图

叶片顶端

叶面

叶背

叶序

叶芽

叶芽

花序

果实

果实

10

阔蜡瓣花

Corylopsis platypetala Rehd. et Wils., Sarg. Pl. Wils. 1: 426. 1913.

幼苗

自然分布

分布于安徽、湖北及四川。

迁地栽培形态特征

落叶灌木，高1.5m。

茎 嫩枝无毛，有时具腺毛，老枝无毛，灰褐色，有皮孔；芽体外侧无毛。

叶 叶卵形、倒卵形或广卵形，长6~9cm，宽4~7cm，顶端短急尖，基部不等侧心形或微心形；边缘具微波状齿，齿尖突出呈短芒状；侧脉6~8对，在叶面下陷，在叶背突起，第1对侧脉第二次分支侧脉稍强烈；嫩叶叶面和叶背两面均略有长毛，不久变秃净，老叶上面绿色，背面灰绿色；叶柄长约1~1.5cm，无毛，有时有腺毛。

花 总状花序有花10~20朵，花序柄近秃净，长1.5~2cm；花序轴长2~3.5cm，有稀疏长毛；苞片1个，矩圆形，长5mm，略有柔毛；萼筒无毛，萼齿卵形，先端钝，无毛；花瓣斧形，有短柄，长3~4mm；雄蕊比花瓣稍短；子房无毛，下半部完全与萼筒合生，花柱比雄蕊短。

果 未见。

本种野外分布数量少，中国特有植物。依据IUCN濒危物种红色名录标准和等级，对该种植物进行评估，列为近危（NT）物种。

引种信息

南京中山植物园　引种号2018I145-1，2017年引种，引自湖北利川市汪营镇至小河乡清江村福宝山隧道处。引种材料为幼树。

物候和生长情况

南京中山植物园　2月下旬现蕾期；3月上旬始花期，芽膨大期；3月中旬盛花期，3月下旬末花期、展叶初期；4月上旬展叶盛期。未见果。10月下旬至11月中旬落叶期。生长一般，移栽当年老枝死亡，从根部萌发新枝。生长一般。

适合栽培区域

亚热带以南湿润地区均可栽培。

迁地栽培要点

幼苗期略喜阴湿环境，成年树喜光，在栽培管理中，需要及时注意补充水分。幼苗给予一定的荫蔽条件。本种适合种子繁殖，种源较少时，可以采用扦插的繁殖方式进行种群的扩繁。

主要用途

树形端庄，花序悬垂，花色蜡黄，可以用于庭院和公园绿化，多采用孤植和群植的方式植于水边、景墙前，房屋旁等处。

识别要点

嫩枝与叶片基本无毛，叶脉6~8对，第1对侧脉第二次分支侧脉稍强烈，齿尖具短芒；雄蕊比花瓣稍短。

二年生枝条

多年生枝条

嫩枝

树皮

叶面

叶序

花芽

托叶

叶背

叶柄

11
蜡瓣花

别名: 中华蜡瓣花、板梨子、华蜡瓣花、腊瓣、连合子、连核梅

Corylopsis sinensis Hemsl., Gard. Chron. ser. 3, 39: f. 12. 1916.

花序

自然分布

产于安徽、福建、广东、广西、贵州、湖北、湖南、江西、四川、浙江。生于山地灌丛中。

迁地栽培形态特征

落叶灌木,栽培植株高2.3~3.5m。

茎 树皮不裂,密被皮孔;嫩枝有柔毛,老枝秃净,有皮孔;芽体椭圆形,外侧有柔毛。

叶 叶薄革质,倒卵圆形或倒卵形,长4~7cm,宽3~6cm;顶端急短尖或略钝,基部不等侧心形;锯齿齿尖刺毛状;侧脉6~8对,直达齿尖;叶面无毛或仅中肋有毛,叶背有灰褐色星状柔毛;叶柄长约1cm,有星状毛。

花 先花后叶;总状花序,长可达3~5cm;花序柄长约1.5cm,被毛,花序轴长达3.5cm,被柔毛;

总苞卵圆形，长1cm，黄绿色，外面有柔毛，内面有长丝毛；苞片卵形，长5mm，黄绿色，外面有毛；萼筒有星状茸毛，萼齿卵形，先端略钝，无毛；花瓣匙形，长5～6mm，宽约4mm，初奶黄色至黄绿色，后变嫩黄色；雄蕊比花瓣略短，长4～5mm；子房有星毛，花柱长6～7mm，基部有毛。

果 果序长4～6cm；蒴果近圆球形，长7～9mm，萼筒被褐色柔毛。种子黑色，长5mm。

本种分布广泛，中国特有植物。依据IUCN濒危物种红色名录标准和等级，对该种植物进行评估，列为无危（LC）物种。

引种信息

南京中山植物园 登记号2008I0480，2008年引种，引自中南林业科技大学。登记号EI136-020，1961年引种，引自Arboretum Landbouwh ogeschool wageningen。

登记号I2011-102，2011年引种，引自安徽金寨县金寨天堂寨保护区。

武汉植物园 引种号080111，2008年引种，引自江西铅山县车盘镇武夷山。

昆明植物园 1975年引种，引自杭州植物园。

上海辰山植物园 个体号20060798-1，2006年引种，引自浙江临安县龙塘山至百步岭途中。

峨眉山生物站 登录号13-1274-HB，引自湖北恩施，引自材料为幼苗。

物候和生长情况

南京中山植物园 2月下旬现蕾期，叶芽膨大期；3月上旬始花期，3月中旬盛花期，3月下旬末花期，展叶初期；4月上旬展叶盛期。9月上旬至下旬果熟期。10月下旬至11月中旬落叶期。生长中等。

杭州植物园 3月上旬现蕾期，3月中旬盛花期，3月下旬盛花期至末期，展叶初期；4月上旬展叶末期；10月下旬叶变色期、落叶盛期；11月下旬落叶盛期。生长中等。

昆明植物园 2月初中旬叶芽萌动，3月上旬开始展叶，4月初展叶盛期；3月上旬现花蕾，3月中旬始花，3月下旬盛花，4月初末花。未见果。生长中等。

武汉植物园 3月上旬始花期，3月中旬盛花期，3月中下旬展叶始期，末花期；3月下旬展叶盛期。生长良好。

上海辰山植物园 2月下旬芽萌动，3月上旬初花期，3月中旬盛花期，展叶始期，3月下旬末花期，展叶盛期。果熟期9月。落叶期10月中下旬。生长表现一般。

峨眉山生物站 叶芽开始萌动，3月中旬开始展叶，10月中下旬开始落叶；8月下旬花芽萌动，3月初开始开放，3月上中旬进入盛花期，3月下旬花开始败落；9～10月果熟期；10月下旬落叶。生长良好。

适合栽培区域

淮河以南地区均可露地栽培，热带低海拔地区慎重引种。

迁地栽培要点

喜阳光，也耐阴，尤耐寒，好温暖湿润、富含腐殖质的酸性或微酸性土壤。萌蘖力强。

主要用途

蜡瓣花先叶开花，花序累累下垂，光泽如蜜蜡，色黄而极具芳香，园林观赏价值极佳。根皮亦有一定药用价值。

识别要点

嫩枝、总苞、苞片、花序轴、萼筒及子房均有星毛；雄蕊比花瓣略短，花柱比花瓣略长。

叶面

盛花期

叶背

花序

植株

树干

叶序

花序

树形

萼片被毛

果序

12
秃蜡瓣花

别名：庐山蜡瓣花

Corylopsis sinensis var. *calvescens* Rehd. et Wils., Sarg., Pl. Wils. 1: 424. 1913.

树形

幼株

自然分布

产于江西、湖南、贵州、四川、广东等地区。常见生于山地灌丛中。

迁地栽培形态特征

落叶灌木或小乔木，栽培植株高1.5~5m。

🌿 树皮灰色，略光滑，有皮孔；嫩枝无毛；冬芽无毛。

🍃 叶纸质或薄革质，宽卵形或长椭圆状倒卵形，顶端渐尖，基部近平截，长4~8cm，宽3~6cm；叶背带灰色，仅在背脉上有稀疏短毛，边缘有刺状齿突；叶片表面深绿。

🌸 总状花序腋生，长3~4cm；花小，花序有花7~11朵，花序梗和花序轴有茸毛。花瓣带状，黄色，长1.2cm；雄蕊4个。

🍈 果实无柄，倒卵圆形，顶端有柱头残留形成的2~5个尖喙状突起，后期部分干枯脱落；萼片和果实表面具茸毛和少量星状毛。种子黑褐色。

本种分布广泛，中国特有植物。依据IUCN濒危物种红色名录标准和等级，对该种植物进行评估，列为无危（LC）物种。

引种信息

南京中山植物园　登录号2012I106，2012年春季引种，引自江西九江市庐山含鄱口。

庐山植物园　引种信息无，庐山原生种。

物候和生长情况

南京中山植物园　2月上旬现蕾期，2月下旬盛花期，3月上旬末花期；叶芽膨大，3月下旬展叶盛期；果实中途掉落。

庐山植物园　2月下旬花芽膨大，3月上旬始花期，3月中下旬盛花期，4月初末花期；4月上旬展叶初期；4月中旬至下旬展叶盛期，8月底部分叶片枯萎逐渐落叶；9月果实成熟。10月下旬进入休眠。

适合栽培区域

喜温凉气候，夏季温度过高地区不宜引种栽培。

迁地栽培要点

本种生长在海拔较高的山地林下或路边，喜冷凉和高湿气候条件，海拔较低处不宜引种。喜深厚肥沃酸性土壤，在部分石山土层较厚处亦可生长。

叶面

叶背

主要用途

　　花瓣蜡黄，低垂悬挂，摇曳多姿，可作为观赏树种来进行利用。主要应用于庭院、公园等处，孤植和群植均可。

识别要点

　　和蜡瓣花极相似，分布区也重叠，主要区别是叶片略窄，嫩枝及芽无毛，叶片背面毛少；其余花序轴、萼筒和总苞均有毛，与蜡瓣花相同。

一年生枝条

芽

幼果期

叶序

花序

果序

花序

花序

13

红药蜡瓣花

Corylopsis veitchiana Bean, Curtis's Bot. Mag. t. 8349. 1910.

自然分布

分布于安徽、湖北及四川东部。

迁地栽培形态特征

落叶灌木，栽培植株高3~4m。

茎 嫩枝无毛，绿色，老枝暗褐色，有皮孔；芽体长椭圆形，外侧无毛。

叶 叶倒卵形或椭圆形，长5~10cm，宽3~6cm；顶端急短尖，基部不等侧心形；边缘有锯齿，齿尖刺毛状；侧脉6~7对，第1对侧脉离基部稍远，第二次分支侧脉较强烈；叶面秃净无毛，叶背带灰绿色，脉上有稀疏毛或秃净无毛；叶柄长4~8mm，绿色无毛。

花 总状花序长3~5cm，总苞状鳞片卵圆形，2~4片，长1~1.5cm，外面无毛；苞片卵形，长5~6mm，有茸毛；花序柄长约1cm，花序轴长2~4cm，均有茸毛，基部有1~2个叶片；萼筒有星毛，萼齿卵形，先端圆，外面有毛，兼有睫毛；花瓣匙形，长5~6mm，宽3~4mm；雄蕊稍突出花冠外，花药黄色或略带红色；子房有星状茸毛，与萼筒合生，花柱长5~6mm。果序长4~6cm。

果 蒴果近圆卵形，长5~8mm，有星毛。

本种野外分布数量少，中国特有植物。依据IUCN濒危物种红色名录标准和等级，对该种植物进行评估，列为近危（NT）物种。

引种信息

峨眉山生物站 引种登记号12-1190-01，引自湖北宣恩县长潭河侗族乡后河村，引种材料为幼苗。

物候和生长情况

峨眉山生物站 3月初花芽膨大，3月中旬初花期至盛花期，3下旬末花期；3月下旬展叶期，4月上旬展叶盛期；9月下旬果熟期。

适合栽培区域

本种喜温暖湿润气候，亚热带湿润气候地区均可栽培，暖温带可以试种。

迁地栽培要点

在亚热带和中亚热带湿润地区，只需要保证充足的光照，其他无需过多管理，即可正常生长。其他地区引种，需要保证充足的光照，冬季低温需要保护越冬，旱季需要补充水分。主要采取种子繁殖为主。

主要用途

主要用作观赏，花色蜡黄，叶片秃净，秋季叶片变成橙、红和黄等色，是非常好的庭院观赏植物，可以在公园和绿地内孤植、群植等。赏其香气四溢的黄色花序和秋季色彩斑斓的红叶。

识别要点

叶片和小枝无毛，雄蕊长于花瓣，基部第1对叶脉二次分支强烈；总苞状鳞片无毛，萼筒及萼齿均有星毛。

讨论

本种经对比《中国植物志》描述，除花药颜色特征不一致外，基本符合红药蜡瓣花的特征，但本种栽培单株，花药红褐色的特征并不显著，只在部分花序中有些许红色的特征，大部分花药呈黄色或金黄色。在本科的水丝梨中也发现花药黄色的个体，与红色花药差异较大。故猜测认为，在自然条件下，亦有花药呈黄色的红药蜡瓣花个体；这个个体可能是个天然的杂交种，或红药蜡瓣花的花药红色是一个变异性状，花药为黄色，只是一个返祖现象。

植株　栽培环境　叶背　叶面　花序　初花期　果序　盛花期　果序　花芽萌动期

14

绒毛蜡瓣花

Corylopsis velutina Hand. -Mzt., Sitzgsang, Akad. Wiss. Wien. 1925.

幼株   多年生枝条

自然分布

分布于四川西南部的西昌地区。

迁地栽培形态特征

落叶灌木，栽培植株高0.6～5m。

🌿 嫩枝有茸毛，以后变秃净；老枝灰褐色，有白色小皮孔；芽体纺锤形，外面无毛。

🍃 叶卵圆形或椭圆形，长5～9cm，宽3～5.5cm；顶端略尖，基部不等侧心形；边缘有锯齿，齿尖稍突出；第1对侧脉第二次分支侧脉不强烈，小脉平行干后亦下陷；叶面浅绿色，不发亮，背面有褐色星状茸毛，脉上常有长丝毛，侧脉8～9对，在叶面下陷，在叶背突起，叶柄长1～1.8cm，有毛；托叶矩圆形，先端圆，长1.5～2cm，外侧有柔毛，内侧有长丝毛。

🌸 总状花序长3～4cm，基部有2～3片叶片，花序柄长1cm，花序轴长2～3cm，均密生茸毛；总苞状鳞片圆形，长约1cm，被毛；苞片1个，有茸毛；小苞片披针形，有茸毛；萼筒被毛，萼齿卵形，长1mm，秃净或有睫毛；花瓣匙形，长4mm，宽4mm；雄蕊长3mm；子房有茸毛，花柱长1.5mm。

果 果序长4~6cm；蒴果长6~8mm，有茸毛；宿存花柱极短，宿存萼筒包着蒴果过半，萼筒和萼齿均被毛。种子长4~5mm，褐色，发亮，种脐白色。

本种分布区狭窄，种群数量小，中国特有植物。依据IUCN濒危物种红色名录标准和等级，对该种植物进行评估，列为濒危（EN）物种。

引种信息

南京中山植物园 引种号2018I145-2。2017年引种，引自湖北利川市汪营镇至小河乡清江村福宝山隧道处，引种材料为幼苗。

峨眉山生物站 登录号为85-0327-01-EMS，1985年引种，引自四川峨眉山，引种材料幼苗。生长速度中等，长势良好。

物候和生长情况

南京中山植物园 3月上旬叶芽膨大期，3月下旬展叶初期；4月上旬展叶盛期；9月下旬至10月中旬落叶期。生长中等偏下。

峨眉山生物站 3月上旬叶芽开始萌动；3月上旬花开始开放，3月中旬进入盛花期，3月下旬花开始败落；4月上旬开始展叶，9月中旬开始落叶；9月中旬花芽萌动；9月果熟期；10月落叶期。生长良好。

适合栽培区域

长江流域以南地区可以露地栽培。

迁地栽培要点

本种幼苗栽培初期需要稍荫蔽的生长条件，湿度略大。生长季节需要及时补充水分，雨季预防淹水，及时中耕除草；本种主要采用种子繁殖，亦可采取扦插繁殖的方式进行种群的扩大。

叶序

主要用途

可以用于观赏，花序悬垂，金黄耀眼，是非常理想的庭院观赏树种，可在河边、墙边和假山等处配置。

识别要点

叶片基部心形，不等侧，第1对侧脉有二次分支侧脉，嫩枝有柔毛，成熟叶片叶背有柔毛，叶脉尤甚；雄蕊比花瓣短。

讨论

在《中国植物志》的描述中，萼齿秃净或有睫毛，在实际观察中，萼齿同萼筒被毛情况相同，未见明显睫毛，这可能和观察样本少有关。

一年生枝条

叶脉

叶背

芽

花

初花期

花序

花末期

花芽

萼筒

果序

15
四川蜡瓣花

别名： 石有七、四川腊瓣花、四川蜡办花

Corylopsis willmottiae Rehder & E. H. Wilson, Pl. Wilson. 1 (3): 425-426. 1913.

树形

植株

幼株

自然分布

分布于四川西部及西南部。

迁地栽培形态特征

落叶灌木，栽培植株高0.6～5m。

🌿 暗褐色，粗糙，无毛，上有略显白色细小皮孔，芽长卵形。

🍃 纸质，倒卵形，长6～9cm，宽3～6cm；顶端急短尖，基部心形，不对称；叶面深绿色，光滑，叶背灰绿色，叶脉略有毛或无毛；叶柄长0.5～1.3cm，无毛。

🌸 总状花序生多年枝顶端，花序梗无毛，花序轴被疏长毛，有花10～20朵；总苞状鳞片卵圆形；萼齿卵形，先端圆；花瓣广倒卵形；雄蕊较花瓣短；花序柄长1.5cm左右。

🍈 果序长3～6cm，蒴果长6～8cm，有果实6～12个，萼筒及果实均光滑无毛，有宿存花柱，蒴果无果柄；种子黑色。

中国特有植物。依据IUCN濒危物种红色名录标准和等级，对该种植物进行评估，列为无危（LC）物种。

引种信息

南京中山植物园 引种号2018I144，引自四川绵阳市平武县黄羊关藏族乡草原村，引种材料为幼苗。

峨眉山生物站 登录号为85-0327-01-EMS，引自四川峨眉山（海拔1500m），引种材料为幼苗。

物候和生长情况

南京中山植物园 2月上旬花芽膨大，2月下旬芽开始膨大；3月上旬初花期，3月中旬至下旬盛花期及末花期；下旬展叶初期；4月上旬展叶盛期和末期。未结果；10月下旬落叶期。长势一般。

峨眉山生物站 3月上旬叶芽开始萌动；3月上旬花开始开放，3月中旬进入盛花期，3月下旬花开始败落；4月上旬开始展叶，9月中旬开始落叶；9月中旬花芽萌动；9月果熟期；10月上旬落叶盛期，中旬落叶末期。生长速度中等，长势良好。

适合栽培区域

亚热带湿润气候地区均可栽培。

迁地栽培要点

喜温暖湿润气候，中性植物，幼苗稍耐荫蔽，成年树渐喜光，可在全光照下栽培，一般山地土壤均适宜生长。

主要用途

花序悬垂，花色蜡黄，是非常好的庭院观赏树种。

识别要点

和峨眉蜡瓣花形态相似，花的各部分较峨眉蜡瓣花均大，叶片倒卵形，先端尖，叶柄无毛，花序柄无毛，果实和萼筒无毛。还可从地理分布来区分。

二年生枝条

多年生枝条

景观应用

树干

叶面

叶背

芽

盛花期

花序

花序轴

秋叶

果序

幼果期

16

滇蜡瓣花

别名: 蚶瓣花、蜡瓣花、云南蜡瓣花

Corylopsis yunnanensis Diels, Notes Roy. Bot. Gard. Edinburgh. 5: 226. 1912.

自然分布

分布于云南西部。

迁地栽培形态特征

落叶灌木,栽培植株高2.3m。

🌿 **茎** 树皮灰黑色,略光滑,嫩枝有茸毛,干后带灰色,老枝暗褐色,无毛,有皮孔。

🍃 **叶** 叶芽长圆形,外侧无毛;叶倒卵圆形,基部不等侧心形,长4~7.5cm,宽3~6cm;边缘有锯齿,齿尖稍突出;第1对侧脉很靠近基部,第二次分支侧脉不强烈,在叶面显著下陷,在叶背突起,侧脉之间的平行小脉亦明显下陷;叶面暗绿色,初时有柔毛,老叶变秃净;叶背灰色,有星毛,或仅背脉上有长毛;侧脉约7~9对,叶柄有毛。

🌸 **花** 总状花序长1.2~3cm,花序轴有黄褐色长茸毛,花序柄长0.5~0.9cm,被褐色茸毛,基部有叶片2片;总苞状鳞片卵圆形,外面无毛;苞片1个,卵圆形,有毛;小苞片2个,披针形,有毛;萼筒有星毛,萼齿三角卵形,有茸毛;花瓣匙形;雄蕊长4~5mm,退化雄蕊2裂。

🍈 **果** 果序长3.5~4.5cm,有蒴果7~16个;果序柄及果序轴均有茸毛;蒴果长5~7mm,有星状毛。

本种野外分布数量中等,中国特有植物。依据IUCN濒危物种红色名录标准和等级,对该种植物进行评估,列为无危(LC)物种。

物候和生长情况

昆明植物园 2月上旬现花蕾,3月上旬始花,3月中旬盛花,4月末花;3月初旬叶芽萌动,3月中下旬开始展叶,4月中旬展叶盛期;9月果熟期。生长良好。

适合栽培区域

中亚热带以南地区可以露地栽培应用,长江流域可以试种。

迁地栽培要点

喜阳光,适应凉爽湿润气候和排水良好的肥润土壤,中性植物。萌芽性强。

主要用途

本种生长旺盛,花序金黄色至鹅黄色,开花时节,娇艳异常,可用于园林配置做配景灌木,种植在水边、假山旁或者庭院景墙转角处和路口转角处。亦可应用于城市公园等处。

识别要点

和蜡瓣花近似,本种的叶片顶端圆形,总苞无毛,退化雄蕊2裂;花柱短于花瓣。果序结果数量多数超过10个。

苞片

初花期

花芽膨大期

初花期

盛花期

叶序

果序

末花期

初花期

叶面

叶背

树形

盛花期

果实

双花木属

Disanthus Maximowicz, Bull. Acad. Imp. Sci. Saint-Petersbourg 10: 485, 1866.

落叶灌木。叶具长柄，心形或阔卵圆形，基部心形，全缘，具掌状脉；托叶线形，早落。头状花序具有2朵无柄而对生的花，花序柄短；花两性，下位，5数，苞片1片，小苞片2个，分离或结合；萼筒短杯状，萼裂5个，在花时反卷；花瓣窄带状或线状披针形，在花芽时向内卷曲；雄蕊5个，花丝短，花药内向，2瓣裂开；退化雄蕊5个，位于花瓣基部与雄蕊互生，卵形、细小；子房上位，2室，胚珠每室5~6个，2列着生中轴胎座的上半部；花柱2，短而粗，柱头顶生。蒴果木质，室间裂开为2片，内果皮骨质，与外果皮分离。种子长椭圆形，大小不相等。

仅1种，分布于日本的南部山地；我国有1亚种，分布于南岭山地。

17

长柄双花木

Disanthus cercidifolius Maximowicz subsp. *longipes* (H. T. Chang) K. Y. Pan, Cathaya. 3: 24. 1991.

树形

自然分布

分布于江西、湖南等地区，生于山坡林下或灌丛中。

迁地栽培形态特征

落叶灌木或小乔木，栽培植株高达2.5~3m。

🌿 茎光滑，无毛，小枝常曲折生长，褐色。有细小皮孔。

🍃 单叶互生，叶薄纸质或膜质，叶片长5~8（10）cm，宽6~9cm左右；宽卵圆形，顶端钝或圆形，基部心形；掌状脉5~6（7）条，上下两面均明显，全缘；叶面绿色，叶背淡绿色；叶柄长3~5cm，纤细无毛。

花 头状花序腋生，花序短缩，花瓣红色至紫红色，盛开后反卷，狭带形或线状披针形，近似成对生长；苞片呈短筒状包围花的基部，外侧有褐色柔毛；雄蕊5，雄蕊短于花瓣，花柱2，长1~1.5mm，柱头顶生。

果 果序通常有种子2，果序柄长1.5~3.5cm；蒴果倒卵形，先端近平截，近似成对生长，上半部2片开裂。种子黑色，有光泽。

本种分布区狭窄，中国特有植物。依据IUCN濒危物种红色名录标准和等级，对该种植物进行评估，列为濒危（EN）物种。

引种信息

南京中山植物园 登记号2006I-0094，2006年引种，引自湖南森林植物园。登记号2008I-0040，2008年引种，引自中南林业科技大学植物园。引种材料为幼苗。以上两批次引种材料均已死亡。

杭州植物园 登记号14C22001-026，2014年引种，引自湖南森林植物园，引种材料为幼苗。登记号16C23001-004，2016年引种，引自庐山植物园，引种材料为幼苗。

武汉植物园 引种号032542，2003年引种，引自湖南新宁县林业科学研究所。

庐山植物园 登录号LSBG200901，2009年引种，引自江西宜丰县官山自然保护区，引种材料为幼苗。

物候和生长情况

杭州植物园 3月上旬叶芽膨大始期，3月中旬叶芽膨大末期；3月下旬展叶期，4月上旬展叶末期；9月上旬花芽萌动期，9月中旬果熟期；10月下旬现蕾期，叶变色期；11月上旬始花期，11月中下旬盛花期。生长良好。

武汉植物园 3月上旬展叶始期，3月中旬展叶盛期，中旬至下旬展叶末期；10月下旬始花期，11月上旬盛花期，落叶期；翌年6~7月果熟期。表现良好。

庐山植物园 4月上旬至4月中旬展叶期，8月底部分叶片枯萎或逐渐落叶；9月果实成熟；10月上旬花芽膨大，10月中旬始花期；10月下旬落叶期；10月下旬盛花期，11月上旬末花期。生长良好，正常开花结果。

适合栽培区域

亚热带地区均可栽培，暖温带和热带地区可少量试种。

迁地栽培要点

本种在高海拔地区栽培表现良好，可以正常开花结果，且种子可萌发。在低海拔种植，可正常开花，结实略少，萌芽率比较低。本种喜冷凉湿润气候，对低海拔高温高湿有忍耐能力，表现出较好的适应性。在富含腐殖质的酸性土壤中生长良好，忌黏重土壤，忌积水，喜光，耐半阴。

主要用途

本种引种后多用于园林绿化，新发叶片红褐色，枝条倾斜，近圆形叶片整齐排列；初冬开花，花色紫红，异常艳丽；果实两两贴生，非常有趣。本种引种到各个不同海拔栽培，有利于研究其濒危机制。

识别要点

叶片卵圆形，花瓣狭长带形，紫红色，开花时反卷，花序短缩，花似成对生长，果实倒卵形，顶端平截，亦似成对生长。秋冬季开花。

整株

树形

树干

一年生枝条

叶序

叶面

叶背

种子

盛花期

果序

初花期

果实

蚊母树属
Distylium Siebold & Zuccarini, Fl. Jap. [...]

常绿灌木或小乔木，嫩枝有星状茸毛或鳞毛，芽体裸露无鳞苞。叶革质，互生，具短柄，羽状脉，全缘，偶有小齿密，托叶披针形，早落。花单性或杂性，雄花常与两性花同株，排成腋生穗状花序；苞片及小苞片披针形，早落；萼筒极短，花后脱落，萼齿2~6个，稀不存在，常不规则排列，或偏于一侧，卵形或披针形，大小不相等；无花瓣；雄蕊4~8个，花丝线形，长短不一，花药椭圆形，2室，纵裂，药隔突出；雄花不具退化雌蕊，或有相当发达的子房。雌花及两性花的子房上位，2室，有鳞片或星状茸毛，花柱2，柱头尖锐，胚珠每室1个。蒴果木质，卵圆形，有星状茸毛，上半部2片裂开，每片2裂，先端尖锐，基部无宿存萼筒。种子1个，长卵形，种子角质，褐色，有光泽。

18种，中国有12种3个变种；此外，日本2种，其中1种同时见于中国；马来西亚和印度各1种，中美洲有3种。

本属的种类在叶及花的形态上和水丝梨属（*Sycopsis*）很相似，容易引起混乱。但本属的花为下位花，蒴筒极短，花后脱落，蒴果无宿存萼筒包着水丝梨属则为周位花，萼筒壶形，花后增大，并包着蒴果。本属的种类在花和果实的形态方面缺乏明显的差别，主要是根据叶的形态作为分类的标准。

蚊母树属分种检索表

1a. 顶芽、幼枝及叶下面被鳞片或鳞毛，或缺。

2a. 老叶下密被银色鳞片 ···································· 21. **鳞毛蚊母树 *D. elaeagnoides***

2b. 老叶下面无毛、无鳞片。

3a. 叶椭圆形，长度约为宽度的两倍，或稍短。

4a. 叶片长3~7cm，宽2~3.5cm，全缘 ···················· 25. **蚊母树 *D. racemosum***

4b. 叶片长7~12cm，宽达3~6.5cm，全缘或在顶部有数对齿缺······22. **大叶蚊母树 *D. macrophyllum***

3b. 叶长圆形或披针形，稀为倒披针形，长为宽的3~4倍。

5a. 叶长2.5~8（10）cm，宽1.5~4cm，全缘或上半部具数个小齿凸 ·················

··· 23. **杨梅叶蚊母树 *D. myricoides***

5b. 叶片长8~12cm，宽3~4.5cm············· 24. **亮叶蚊母树 *D. myricoides* var. *nitidum***

1b. 顶芽、幼枝被星状毛，叶下面被毛或无毛。

6a. 叶片顶端处有2~5齿凸··· 20. **中华蚊母树 *D. chinense***

6b. 叶片全缘或先端仅具1齿凸。

7a. 叶片顶端锐尖，侧脉5~7对，在叶面不明显，在叶背略突起··············

··· 18. **小叶蚊母树 *D. buxifolium***

7b. 叶长顶端圆形或钝圆，全缘，侧脉每边4~5条，不明显 ·····················

·· 19. **圆头蚊母树 *D. buxifolium* var. *rotundum***

18
小叶蚊母树

别名： 黄杨叶蚊母树、小叶蚊母、窄叶蚊母树

Distylium buxifolium (Hance) Merr., Sunyatsenia. 3: 251, 1937.

盛花植株

自然分布

分布于四川、湖北、湖南、福建、广东及广西等地。

迁地栽培形态特征

常绿灌木，栽培植株高达2.5m。

🌿 嫩枝多数略有柔毛，后脱落，纤细，节间长1~3cm，稍压扁；老枝无毛，有皮孔，干后灰褐色；芽体密被褐色短柔毛。

🍃 叶薄革质，倒披针形或矩圆状倒披针形，长3~8cm，宽1~2.5cm；顶端锐尖，基部狭窄下延；全缘，仅在最尖端有由中肋突出的小尖突；侧脉5~7对，在上面不明显，在下面略突起，网脉在两面均不显著；叶面深绿色，有光泽，叶背浅绿色，秃净无毛，干后稍带褐色；叶柄极短，长不到1mm，初被灰褐色短毛，后脱落；托叶短小，早落。

🌸 雄花和两性花组成的穗状花序腋生，长1~3cm，花序轴有毛，苞片线状披针形，长2~3mm；萼筒短，萼齿披针形，长2~3mm；雄花雄蕊3~4枚，两性花雄蕊4~6枚，雄蕊长度2~3mm；花丝淡绿色，花药紫红色，基着；雌蕊基部淡绿色，上部二叉状，顶端略弯曲，长度6mm；子房有星毛。

果 蒴果卵圆形，长5～8mm，密被褐色星状茸毛，顶端尖锐，宿存花柱长1～3mm。种子褐色，长4～6mm，发亮。

本种分布较广泛，中国特有植物。依据IUCN濒危物种红色名录标准和等级，对该种植物进行评估，列为无危（LC）物种。

引种信息

南京中山植物园　登记号88I52–15，1966年引种，引自江西武夷山。

杭州植物园　引种号77C15000S–38，1977年引种，引自福建。

武汉植物园　引种号049235，2004年引种，引自陕西石泉县后柳镇。

物候和生长情况

南京中山植物园　2月中旬花芽膨大期，3月上旬开花始期、叶芽膨大期；3月中旬盛花期、展叶始期；3月下旬末花期；4月上旬展叶盛期，下旬展叶末期。果熟期9月中下旬至10月上旬。生长优良。

杭州植物园　2月上旬叶芽膨大期；3月上旬萌芽期、现蕾期；3月中旬展叶初期、始花期；3月下旬展叶盛期、盛花期；4月上旬展叶末期，末花期。8月底至9月下旬果实成熟期，10月上旬果熟末期。生长优良。

武汉植物园　3月上中旬展叶始期，3月中旬展叶盛期；3月中下旬展叶末期，2月下旬始花期，3月上旬盛花期，3月中旬末花期。生长优良。

适合栽培区域

淮河流域以南地区均可栽培。

迁地栽培要点

喜温暖湿润气候，栽培土质以土层深厚肥沃、排水良好的酸性至中性土壤为佳。幼苗期较耐阴，成年植株喜光。2年生袋苗可定植，成活率达90%以上。移栽或定植一般在春季萌芽之前进行，宜带土球，亦可在梅雨季节移栽。

繁殖以扦插为主，播种为辅。蒴果成熟时应及时采回放置阴凉通风处，在容器内阴干，需防止其种子弹射损失。采种后，可以直接播种，亦可干藏或湿沙藏春季播种。

主要用途

枝叶浓密，叶小质厚，花药红艳。适宜园林中假山和置石边栽培。耐修剪，又是制作盆景的好树种，新发幼枝及嫩梢暗红色，叶表深绿色，宜作色块植物应用。亦有用其制作盆景观赏。

识别要点

嫩枝纤细，稍压扁，秃净无毛，叶片倒披针形，顶端锐尖，全缘，仅在叶片先端有一个小尖突；叶柄极短，近无；蒴果有褐色星状毛。

讨论

本种和杨梅叶蚊母树中叶片狭长形叶片形态相距较近，小枝和叶片都是基本无毛，尤其是贵州和湖南种源形态难以区分。主要区别点是小叶蚊母树芽体有毛，叶片表面有光泽的深绿色，果实有深褐色星状毛；杨梅叶蚊母树是芽体有鳞垢，果实有黄色的星状毛。这些特征是否稳定，两个种是否是不同的地理型，因观察样本不够，在后续的研究中，需要进一步的观察以及分子水平的实验，才能确定二者的关系。

树干

二年生枝条

叶序

叶背

叶面

解剖图

初花期

末花期

盛花期

果实成熟

果序

19

圆头蚊母树

Distylium buxifolium var. *rotundum* Hung T. Chang, Acta Sci. Nat. Univ. Sunyatseni. (1): 40. 1960.

树形

自然分布

产于广东、福建、浙江。生于1000～1200m溪边、河流边。

迁地栽培形态特征

常绿灌木，栽培植株高1～1.5m。

茎 主干灰褐色，略光滑，有细皮孔，嫩枝被褐色星状柔毛，叶芽被毛。

叶 叶片倒卵状长圆形，长1.2～4cm，宽0.5～1.3cm，顶端圆形或钝圆，具1个不明显的主脉延伸而出的小尖头，全缘，或近顶端每侧各有1个小齿突；基部楔形至狭楔形，侧脉每边4～5条，不明显；叶柄长2～3mm，被褐色星状柔毛。

花 花序腋生，长1～2.5cm，花序轴被毛。

果 蒴果长6～7mm，外面被褐色星状柔毛，宿存花柱长1.5～2mm。

本种分布区狭窄，种群数量少，中国特有植物。依据IUCN濒危物种红色名录标准和等级，对该种植物进行评估，列为近危（NT）物种。

引种信息

华南植物园　登录号19980560，1998年引种，引自福州国家森林公园。

西双版纳热带植物园　登记号00,2001,1466。2001年引种，引自广东广州市，引种材料为苗木。生长良好，无病虫害。生长良好。

物候和生长情况

华南植物园　2月中旬现蕾期，2月下旬至3月中下旬花期，花量少，盛花期不明显，4月中、下旬展叶期；3~7月下旬果期。

西双版纳热带植物园　3月上旬开始展叶，4月上旬至5月中旬展叶盛期；5月下旬展叶末期。未见花果。生长一般。

适合栽培区域

北亚热带以南地区可栽培利用。

迁地栽培要点

本种栽培容易，喜光照，亦可在半阴处栽培，喜温暖湿润气候，喜深厚肥沃土壤。本种多采用扦插繁殖方式进行繁育，种子播种亦可，但种子产量较少。

主要用途

本种株型整齐，四季常绿，耐修剪，可作为路边绿篱和庭院绿化植物推广应用。

识别要点

叶片比小叶蚊母树小，先端钝圆，部分叶片顶端两侧各有一个小齿突，侧脉不明显，嫩枝有毛，叶柄长2~3mm，植株也远较小叶蚊母树小。

讨论

本变种分类地位存在争议，在 *Flora of China* 中，把它并入了小叶蚊母树；在实际观察中，从叶形明显较小，叶柄较长，嫩枝被毛，花序长度也略小，与原变种有较明显的差异。并且从实生苗生长过程来看，其性状是可以稳定遗传的，并不会出现返祖现象。此种仅在华南植物园、西双版纳热带植物园和福州植物园有栽培，由于观察样本较少，后续还需要进一步观察其形态变化，亦可从分子角度来进行验证其分类位置。此变种暂录于此。

叶面

叶背

枝条

树干

多年生枝条

二年生枝条

多年生枝条

盛花期

花序

初花期

嫩叶

叶序

幼果

叶芽

20
中华蚊母树

别名： 川鄂蚊母树、河边蚊母树、石头棵子、水杨柳、西南蚊母树、中国蚊母树

Distylium chinense (Fr.) Diels, Engler, Bot. Jahrb. 29: 380. 1900.

整株

自然分布

分布于湖北及四川，喜生于河溪旁。

迁地栽培形态特征

常绿灌木，栽培植株高0.7m。

🌿 **茎** 嫩枝略显粗壮，粗2~3mm，节间长2~6mm，被黄褐色柔毛；老枝暗褐色，秃净无毛；芽裸露、有柔毛。

🍃 **叶** 叶革质，略坚硬，长圆形，长1.5~3.5cm，宽0.9~1.4cm；顶端略尖，基部阔楔形；边缘在靠近顶端处有2~5个小锯齿；侧脉5对，在上面不明显，在下面隐约可见，网脉在上下两面均不明显，侧脉在叶片边缘网结；叶面绿色，略发亮，叶背秃净无毛；叶柄长1~2mm，具褐色柔毛；托叶披针形，早落。

🌸 **花** 雄花穗状花序长1~1.5cm，花无柄；萼筒极短，萼齿卵形或披针形，长1.5mm，后脱落；雄蕊2~7个，长4~7mm，花丝纤细，花药卵圆形。

果 蒴果卵圆形，长7~8mm，外面有褐色星状柔毛，宿存花柱长1~2mm，通常内向弯曲，干后4片裂开。种子长3~4mm，褐色，有光泽。

本种野外分布数量少，分布区狭窄，中国特有植物。依据IUCN濒危物种红色名录标准和等级，对该种植物进行评估，列为濒危（EN）物种。

引种信息

华南植物园 登录号20032973，2003年引种，引自武汉植物园。

南京中山植物园 引种号2006I402，2006年引种，引自中南林业科技大学植物园，引种材料为幼苗。

杭州植物园 引种号11C21001-001，2011年引种，引自武汉植物园。

武汉植物园 引种号无，引种时间无，引自湖北三峡库区。

上海辰山植物园 个体号20107198-3，2010年引种，引自杭州萧山工程苗市场，引种材料为成年树。

物候和生长情况

华南植物园 2月下旬至3月上旬展叶期、现蕾期；3月中、下旬花期，花量少，盛花期不明显。4~6月上旬果期。

南京中山植物园 2月下旬花芽膨大、萌芽始期；3月下旬开花始期、展叶盛期；4月上旬盛花期，4月20日左右末花期。10月上旬果熟期。生长较慢，表现优秀。

杭州植物园 3月上旬萌芽始期、现蕾期；3月中旬展叶末期、盛花期；4月上旬末花期。

武汉植物园 2月下旬展叶始期、始花期；3月上旬展叶盛期、盛花期；3月中旬展叶末期、末花期。

上海辰山植物园 2月下旬始花期，3月中旬盛花期，3月下旬末花期；4月上旬无花；9月下旬果熟期。生长表现良好。

适合栽培区域

亚热带以南地区可栽培。

迁地栽培要点

喜温暖湿润环境条件，喜光、略耐寒、耐旱。栽培土质要求不严格，以疏松透气、土层深厚肥沃、排水良好的酸性至中性土壤为佳。3~5年生可定植，定植时需带土球，能够提高成活率和栽后快速恢复生长。移栽一般在春季萌芽之前进行。裸根移栽亦可，根部需蘸混有生根粉的泥浆，并在短时间内进行移栽。

繁殖以扦插为主，播种为辅，夏季嫩枝扦插成活率达到60%以上。蒴果成熟时应及时采回放置阴凉通风处，在容器内阴干，需防止其种子弹射损失。本种种子萌发率不高，在栽培条件下未见实生苗。种子有休眠特性，可采后直播，亦可沙藏后来年春播，萌发会持续到第二年。

主要用途

本种植株低矮，近水平生长，枝叶茂密，四季常绿，宜栽培于岩石园、花卉园等处，与景石配合，相得益彰。

识别要点

小枝粗壮，被黄褐色毛，叶片在蚊母树属中最短小，通常长1.5~3.5cm，顶端有2~3个锯齿，与其他种区别明显。

树形

整株

多年生枝条

一年生枝条

嫩叶

叶背

叶面

苞片

叶面

初花期

果序

果期

109

21
鳞毛蚊母树

Distylium elaeagnoides H. T. Chang, Acta Sci. Nat. Univ. Sunyatsen. 2: 37, 1959.

整株

自然分布

分布于广东北部的乳源、湖南江华、广西北部的龙胜及南部防城的中越边境上的山地常绿林里。

迁地栽培形态特征

常绿小乔木，野外植株高6m，引种植株目前生长状态为1.2m小灌木状。

茎 嫩枝密生鳞毛，老枝秃净，有皮孔，干后灰褐色；芽体裸露，细小卵形，密被鳞毛。

叶 叶革质，倒卵形或倒卵矩圆形，长5~10cm，宽2.5~4.5cm；全缘无锯齿；侧脉4~5对，在叶面不明显，在背面稍突起，网脉在上下两面均不明显；顶端钝，有时略圆，基部楔形；叶面绿色，干后稍暗晦或略发亮，幼嫩时有鳞毛，以后变秃净，背面密被银灰色鳞毛，常宿存不脱落；叶柄长8~12cm，有鳞毛。

花 未见。

果 幼株，仅见幼嫩果实，蒴果长卵形，表面密生灰色鳞片，宿存花柱长2~3mm。基部无宿存萼筒。种子未见。

本种分布数量少，中国特有植物。依据IUCN濒危物种红色名录标准和等级，对该种植物进行评估，列为易危（VU）物种。

引种信息

华南植物园　登录号20141068，引自湖南衡阳市艮山，引种材料为幼苗。

物候和生长情况

华南植物园　3月上旬至4月中旬花期，花少，盛花期不明显；3月中旬萌芽期，3月下旬至4月中旬展叶期。8~9月果期。

适合栽培区域

本种从自然分布看适合南亚热带栽培。其余地区因缺乏引种资料，尚未明确其栽培北限。

迁地栽培要点

本种在半阴的生长条件下长势良好，叶片和植株发育正常。从分布地理环境条件来判断，鳞毛蚊母树幼树喜阴湿环境，成年树为中生特性。宜种植在通透的阔叶林下或者林缘为佳，在拥挤的林中会发育不良。

主要用途

本种叶片圆而大，叶片深绿，耐阴，可在园林中进行应用，栽培于林下阴湿处，增加植物群落的多样性。叶背鳞片极像胡颓子属植物，也可以作为一个非常好的科普材料。

识别要点

叶片倒卵形，先端钝圆，叶片背后有银灰色鳞片，酷似胡颓子属植物。

二年生枝条　一年生枝条　叶背　叶面

二年生枝条

嫩叶

叶柄

叶形

叶背

叶序

叶芽

幼叶叶背

幼果

果实

果序

22

大叶蚊母树

Distylium macrophyllum H. T. Chang, Acta Sci. Nat. Univ. Sunyatsen., (1): 39, 1960.

自然分布

产于广东北部及广西西北部。

迁地栽培形态特征

常绿灌木或小乔木，栽培植株高3m。

茎 树皮通常不裂，嫩枝略有棱，有鳞垢，无毛。

叶 叶厚革质，椭圆形，长达12cm，宽达6.5cm；无毛，全缘或在顶部有几对齿缺；叶面常生虫瘿，华南植物园栽培植株未见虫瘿；叶柄长7～10mm，极粗壮，略有鳞垢或秃净；托叶早落。

花 未及时观察到。

果 未见。

本种分布区狭窄，野生个体数量少，中国特有植物。依据IUCN濒危物种红色名录标准和等级，对该种植物进行评估，列为极危（CR）物种。

引种信息

华南植物园 引种登记号20060184，2006年引种，引自广东潮州潮安区。

武汉植物园 引种号120378，2012年引种，引自广西河池市凤山县金牙瑶族乡坡茶村；引种号130203，2013年引种，引自四川都江堰市龙池镇。

物候和生长情况

华南植物园 3月中下旬萌芽，4月上中旬展叶期。生长一般。

武汉植物园 2月下旬展叶始期，3月上旬展叶盛期，3月中旬展叶末期。10月上旬至中旬果熟期。生长中等，略有冻害，能够开花结果。

适合栽培区域

中亚热带以南地区可以栽培应用。

迁地栽培要点

喜光，亦稍耐阴，对土壤要求不高，耐贫瘠、略耐寒，亦较耐干旱，喜温暖环境，在郑州亦见有栽培，未见明显冻害。

主要用途

株型松散不甚美观，叶片较大、革质，光亮。经过修剪造型后，可用于园林绿化，增加绿地植物多样性。

识别要点

叶厚革质，坚硬，嫩枝有棱，叶片大，长达12cm，无毛，全缘或有几个大的齿缺。

讨论

华南植物园一栽培单株，叶片特征与大叶蚊母树相同，先端有几个大的齿缺，但叶片质地为纸质，与正常植株的厚革质特征差异比较大，因未见花果，暂录于此，后续再继续观察。

整株

树干

多年生小枝

叶面

叶背

当年生嫩枝

幼叶

嫩叶

一年生枝条

23
杨梅叶蚊母树

别名： 杨梅蚊母树、野茶

Distylium myricoides Hemsl., Hook. f. Ic. Pl. 29: sub. Pl. 2835, 1907.

果枝

自然分布

产于安徽、福建、广东、广西、贵州东部、湖南、江西、四川、云南东南部和浙江，生于海拔500～800m的山谷、溪旁和林中。

迁地栽培形态特征

常绿灌木或小乔木，栽培植株高3～4m。

🟤**茎** 树皮灰褐色，不开裂；嫩枝绿色，嫩枝有鳞垢，后脱落，有皮孔；裸芽，外面有鳞垢。

🟤**叶** 叶革质，长圆形、倒卵形或宽倒披针形，长2.5～8（10）cm，宽1.5～4cm；边缘上半部有数个小齿突；侧脉约6对，干后在叶面下陷，在叶背突起，网脉在叶面不明显，在叶背突出，下部侧脉在叶片边缘网结，上部侧脉可达齿端；顶端渐尖或短尖，基部楔形或宽楔形，叶面暗绿色，有光泽，干后暗晦无光泽，叶面疏被不明显鳞垢，叶背基本无毛，长为宽的2～4倍；叶柄长2～8mm，被鳞垢；托叶早落。

🟤**花** 总状花序腋生，长1～3cm，雄花与两性花同在1个花序上，两性花位于花序顶端，花序轴有鳞垢，苞片披针形，长2～3mm；萼筒极短，萼齿3～5个，披针形，长约3mm，有鳞垢；雄蕊3～8个，花药长约2～3mm，红色，花丝长1～3mm；子房上位，有星毛，花柱长6～8mm；雄蕊长短不一。

🟤**果** 蒴果卵圆形，长0.7～1.2cm；有黄褐色星状毛，先端尖，裂为4片，基部有部分残存萼筒。种子长6～7mm，褐色，有光泽。

本种分布广泛，中国特有植物。依据IUCN濒危物种红色名录标准和等级，对该种植物进行评估，列为无危（LC）物种。

引种信息

华南植物园　登录号20050528，引自广西南宁市四塘镇同仁村山口，引种材料为幼苗。

南京中山植物园　登记号I51-65，1957年引种，引自南京大学。登记号IP4-219，1979年引种，引自浙江天目山。

杭州植物园　引种号14C11002-002，2014年4月10日引种，引自浙江桐庐县白云源，引种材料为幼苗。

昆明植物园　1976年引种，引自云南昭通市大关县。

物候和生长情况

华南植物园　2月下旬至3月下旬展叶期；3月下旬现蕾期，花期4月中、上旬，花量少，盛花期不明显。未见果。

南京中山植物园　3月上旬芽膨大期，花蕾膨大期；3月中旬开花始期，3月下旬盛花期，展叶始期；4月上中旬，末花期，展叶盛期，下旬展叶结束。9月中旬至10月中旬果期。生长较慢，表现一般。

杭州植物园　2月下旬芽膨大期，花蕾膨大期；3月上旬开花始期，3月中下旬盛花期，3月下旬至4月上旬末花期，展叶盛期；8月下旬果实成熟初期，10月上旬果熟末期。

昆明植物园　2月末现花蕾，3月上旬始花，3月下旬盛花；2月下旬叶芽萌动，3月初开始展叶，3月末展叶盛期；未见果。

适合栽培区域

长江以南地区可栽培利用。

迁地栽培要点

喜温暖湿润环境，不甚耐寒，不耐干旱，喜光、略耐阴。栽培土质以土层深厚肥沃，排水良好土壤为佳。幼苗期耐阴，成年树喜光。3~5年生袋苗可定植于园区，从移栽幼树情况看，同样移栽方法，移栽成活率低于本属其他几个种，因样本较少，需后续观察才能定论；目前移栽成活率达45%左右。移栽一般在春季萌芽之前进行，宜带土球；能适应酸性至微碱性土壤。适于我国亚热带以南地区栽培。

繁殖以播种为主，扦插为辅。种子采收及储藏等方式同小叶蚊母树。扦插可在梅雨季节进行。

主要用途

本种树势整齐，花量大，四季常绿，可作为庭园观赏树进行应用。淮河以南地区可以露地栽培。

识别要点

本种叶形变化较大，倒卵形、矩圆形至倒披针形，多数叶片顶端有齿突，干后叶表面晦暗无光泽。

讨论

叶片倒卵状矩圆形和倒披针形不会同时出现在同一株上，为两个不同类型的群体，从国内采集的标本来看，只有广西和贵州的部分单株出现了倒披针形的单株，两种叶形并没有出现在同一单株上。华南植物园栽培单株叶片为倒披针形，引自广西南宁。二者是否能够归为同一种，尚难确定，留待后续观察。昆明植物园有一单株，叶片形态似小叶蚊母树，叶片全缘，偶见顶端有1~2齿，其余特征基本吻合，初步判断为杨梅叶蚊母树的全缘类型或为二者的杂交种。

嫩叶

叶背

叶面

叶序

初花期

花期

开花盛期

末花期

果枝

果实成熟期

果序

一年生枝条

树干

一、二年生枝条

栽培环境

24
亮叶蚊母树

Distylium myricoides var. *nitidum* Hemsl. Chang, Journal of Sun Yat-sen University. 1 (40). 1960.

自然分布

分布于浙江、安徽、江西、湖南及广东等地。

迁地栽培形态特征

常绿小乔木，栽培植株高4.5m。

茎 一年生嫩枝有鳞垢，绿色，二年生以上老枝秃净，褐色，皆具皮孔；顶芽长卵形，被鳞垢。

叶 一、二年生枝上叶革质，平展，无虫瘿，长椭圆形、长椭圆状披针形或卵状长椭圆形，长6～12cm，宽3～4.5cm，顶端短渐尖，基部楔形，不对称；全缘；侧脉6～9对，与中脉在上面凹陷，在边缘网结，上面网脉不显著，下面极其明显；叶面无毛，光亮，叶背疏被粉尘状鳞垢，脉腋明显具腺窝；叶柄长不及5mm，被鳞垢；二年生以上枝老叶厚革质，椭圆形或卵形，较新叶短，基部圆形。

花 总状花序腋生，长1～3cm，两性花着生花序顶端，雄花着生于下部，花序具鳞垢，苞片披针形，长2mm；萼齿5，披针形，长3mm；雄蕊3～8枚，花药紫色；两性花花柱长6～8mm。

果 蒴果卵圆形，长1.1cm；被黄褐色星状毛，先端尖，无宿存萼筒。种子长约6mm，褐色，光亮。

本种野外种群数量少，中国特有植物。依据IUCN濒危物种红色名录标准和等级，对该种植物进行评估，列为近危（NT）物种。

引种信息

武汉植物园 引种号070040，2007年引种，引自广西桂林市，引种材料为幼苗。

西双版纳热带植物园 登记号00,2008,0251。2008年引种，云南西双版纳傣族自治州景洪市流沙河，引种材料为苗木。

物候和生长情况

武汉植物园 2月下旬始花期，3月上旬盛花期，3月中旬末花期。10月下旬至11月上旬果熟。生长良好。

西双版纳热带植物园 1月下旬花芽膨大，2月下旬开花始期，3月上旬至下旬盛花期，4月上旬花期结束；3月上旬开始展叶，3月中旬至4月上旬展叶盛期，4月下旬展叶末期。10月上旬至11月下旬果熟期。8月上旬至12月下旬落叶期。生长良好，无病虫害。

迁地栽培要点

叶片革质，光亮，树形端庄，喜温暖湿润气候，喜深厚肥沃酸性土壤，不耐干旱，略耐瘠薄。繁殖以播种为主。

主要用途

叶片大而整齐，光亮，叶片浓密，四季常绿。可用于园林绿化，栽培作庭荫树和行道树。

识别要点

叶矩圆形或倒卵矩圆形，叶面深绿色，发亮，全缘，先端略钝。

讨论

在 *Flora of China* 中，把亮叶蚊母树作为杨梅叶蚊母树的异名进行了归并，从栽培植株整体和叶片形态来看，与杨梅叶蚊母树还是有较大的差异。本种叶片较大，较宽，全缘，叶片质地略厚，边缘未见有齿突出现，多年栽培条件下，性状稳定，且未见杨梅叶蚊母树常见的虫瘿出现。故认为，这一类型单株和杨梅叶蚊母树在外部形态和生理生化的一些指标上有明显差异，暂时将其作为杨梅叶蚊母树的变种还是合适的，本书继续采用中国植物志的杨梅叶蚊母树的种下分类单元。

亮叶蚊母树

二、三年生小枝

叶面

末花期

初花期

25

蚊母树

别名： 蚊母、蚊子树

Distylium racemosum Siebold & Zuccarini, Fl. Jap. 1: 178. 1835.

树形

整株

自然分布

分布于福建、浙江、台湾、广东、海南岛，亦见于朝鲜及琉球。

迁地栽培形态特征

常绿灌木或中乔木，栽培植株高达5m。

茎 茎光滑，树皮灰褐色，嫩枝有鳞垢，老枝秃净。

叶 叶革质，上面深绿色，发亮，全缘；椭圆形或倒卵状椭圆形，长3.5~6cm，宽2~3.5cm，顶端钝或略尖，基部阔楔形，下面初时有鳞垢，后脱落，侧脉5~6对，在叶面不明显，在叶背稍突起；叶柄长5~10mm；托叶细小，早落。

花 总状花序长2cm左右，花序轴初被毛，后无毛；花雌雄同在一个花序上，雌花位于花序的顶端；萼筒短，萼齿大小不相等，被鳞垢；雄蕊（4）5~6个，花丝长2~2.5mm，花药长3~4mm，红色；花柱长6~7mm。

果 蒴果卵圆形，长0.8~1.2cm；先端尖，外面被黄褐色星状茸毛，上半部两片裂开，每片2浅裂，萼筒不宿存，果梗短，长2mm左右。种子卵圆形，长4~5mm，深褐色，发亮，种脐白色。

本种分布广泛，东亚特有植物。依据IUCN濒危物种红色名录标准和等级，对该种植物进行评估，列为无危（LC）物种。

引种信息

南京中山植物园 登记号II24-230，1957年引种，引自杭州园林管理处。

杭州植物园 登记号IP5-274，1954年引种，引自浙江杭州市天目山，引种材料为实生苗。登记号51C11002P95-1481，1951年引种，引自浙江杭州市临安区。

昆明植物园 1988年引种，引自江西井冈山。

西双版纳热带植物园 登记号00,2007,1269。2007年引种，引自云南麻栗坡县木杆镇，引种材料为幼苗。

物候和生长情况

南京中山植物园 3月上旬叶芽膨大期，花芽膨大期；3月中旬萌芽展叶期，3月下旬至4月上旬展叶盛期。4月上旬盛花期、中旬末花期。9月下旬至10月中旬果熟期。生长优秀。

杭州植物园 3月上旬萌芽期，3月中下旬展叶期；3月下旬盛花期；4月上旬末花期。8月下旬至9月中旬果熟期，10月上旬成熟末期。生长良好。

昆明植物园 2月末现花蕾，3月上旬始花，3月下旬盛花，4月初花末期；2月下旬叶芽萌动，3月初开始展叶，3月末展叶盛期。4月中下旬初果。生长良好。

西双版纳热带植物园 3月上旬花芽膨大；3月中旬始花；3月下旬盛花期；4月中旬开花结束；3月上旬开始展叶；4月上旬至5月中旬展叶盛期；5月下旬展叶末期。6月中旬至7月下旬果熟期。10月中旬至12月下旬落叶期。生长较好，没有发现病虫害。

适合栽培区域

淮河以南地区均可栽培。

迁地栽培要点

喜温暖气候，耐寒、耐旱、耐瘠薄，栽培土质以土层深厚肥沃、排水良好的酸性至中性土壤为佳。幼苗期较耐阴，成年树喜光。移栽多在春季萌芽之前进行，宜带土球，成活率一般达90%以上。

繁殖以播种为主，扦插为辅。蒴果成熟时应及时采回放置阴凉通风处，在容器内阴干，需防止其种子弹射损失。采种后，可直接播种，或者干藏翌年春季播种，但发芽率会降低。

主要用途

本种枝叶茂密，耐寒、耐修剪、耐干旱，为亚热带北部地区较好的绿篱和造型树种，多修剪成球形，用于路边、假山旁等处绿化。

识别要点

叶片比较小，长度3~7cm，倒卵形，顶端钝圆，全缘，叶片表面经常生虫瘿。

二年生枝条

叶背

树干

叶芽

叶面

叶序

绿化应用

初花期

盛花期

幼果

果实

果序

虫瘿

绿化应用

马蹄荷属

Exbucklandia R. W. Brown, J. Wash. Acad. Sci. 36: 348. 1946.

常绿乔木，小枝粗壮，节膨大，有明显的环状托叶痕。叶互生，厚革质，阔卵圆形，全缘或掌状浅裂，具掌状脉；托叶2片，大而对合，苞片状，革质，椭圆形，包着芽体，早落；叶柄长，圆筒形。头状花序通常腋生，有花7~16朵，具花序柄。花两性或杂性同株；萼筒与子房合生，萼齿不明显，或呈瘤状突起；花瓣线形，白色，2~5片，先端2裂，或无花瓣；雄蕊10~14个，花丝线形，花药卵形，基部着生，2室，纵裂；子房半下位，藏于肉质头状花序内，2室，上半部分离，花柱2，稍伸长，柱头尖细；胚珠每室6~8个，2列着生于中轴胎座。头状果序有蒴果7~16个，仅基部藏于花序轴内，其余部分游离；蒴果木质，上半部室间及室背裂开为4片，果皮平滑，有时具小瘤状突起；每室有种子6个，于胎座基部的发育完全，具翅；胚乳薄，肉质，子叶扁平。

4种，我国有3种，分布于华南及西南各省及其南部的邻近地区，另1种见于马来西亚及印度尼西亚。此外，北美西部的中新世地层曾发现本属的化石1种。

马蹄荷属分种检索表

26

马蹄荷

别名： 巴巴叶、白克木、盖阳树、合掌木、鹤掌叶、解阳树、马蹄樟、拍拍木、箐合木、小刀树

Exbucklandia populnea (R. Br.) R. W. Brown, Journ Wash. Acad. Sci. 36: 348. 1946.

自然分布

分布于我国西藏、云南、贵州及广西；亦见于缅甸、泰国及印度。生于山地常绿林。

迁地栽培形态特征

常绿乔木，栽培植株高5～7m。

茎 树干灰黄色，有皮孔，略粗糙；小枝被短柔毛，节膨大，绿色，有环状托叶痕。

叶 叶革质，深绿色，阔卵圆形，长8～14（18）cm；全缘，或嫩叶有掌状3浅裂；先端尖锐，基部心形，或偶为短的阔楔形；掌状脉5～7条，在上面明显，在下面突起，网脉在上下两面均明显；叶面深绿色，发亮，叶背无毛；叶柄为圆筒形，绿色，无毛；托叶椭圆形或倒卵形，有明显的脉纹。

花 头状花序单生或数个排成总状花序，有花6～12朵，花序柄长1～2cm；花两性或单性；花瓣长2～3mm，或缺花瓣；雄蕊长约5mm，花丝纤细。

果 果序头状，直径2cm，果序柄长2cm，蒴果未成熟。

本种分布广泛。依据IUCN濒危物种红色名录标准和等级，对该种植物进行评估，列为无危（LC）物种。

引种信息

昆明植物园 1980年引种，引自云南西畴县。

物候和生长情况

昆明植物园 2月中旬叶芽萌动，3月开始展叶，4月中下旬展叶盛期。

适合栽培区域

华南和西南地区均可栽培，中亚热带地区可以引种试种。

迁地栽培要点

本种幼年幼苗喜阴凉、怕干旱、忌水渍，应选择缓坡、排水良好、土层深厚肥沃的砂壤土育苗；苗期注意地老虎为害。成年树渐喜光，后期养护需要提供其全光照的生长环境。喜湿润气候，不耐寒。通常用种子繁殖，亦可用扦插的方式来增加数量。本种大树不耐移栽，必须在早春带大规格土球移栽。

主要用途

树形高大美观，叶片革质大，苞片奇特，用作绿化树种能够清新空气，让人心旷神怡；马蹄荷还可以作为防火树种进行应用。茎枝入药可祛风活络，止痛；主治偏瘫。

识别要点

叶片革质、深绿，节膨大，有环状托叶痕，叶基部心形或短的阔楔形。

叶序

果实

多年生枝条

一年生枝条

二年生枝条

嫩叶

叶背

托叶

叶面

苗圃栽培植株

树干

27
大果马蹄荷

别名： 东京白克木、宽幅、小刀树、白克木、合掌木、马蹄荷

Exbucklandia tonkinensis (Lec.) Steenis, Blumea. 7: 595. 1954.

树形

自然分布

分布于福建、广东、广西、海南、湖南、江西、云南等地，亦见于越南。生于800~1000m的山地树林及山谷低坡处。

迁地栽培形态特征

常绿乔木，栽培植株高5~9m。

🌿 **茎** 圆柱形，绿色，节膨大，幼时被褐色柔毛，环状托叶痕明显。

🌿 **叶** 互生，叶片革质，圆形、卵圆形至阔卵形，长6~13cm，宽5.5~10cm；顶端渐尖，基部阔楔形或截平，全缘或掌状3裂；掌状脉3~5条，在叶面明显，在叶背凸起；叶面深绿色，具光泽，背面浅绿色，无毛；叶柄长2~4cm，仅幼时被褐色柔毛，后无毛；托叶狭长矩圆形，稍弯曲，长1.8~2.5cm，宽8~11mm；无毛，具光泽，早脱落。

🌿 **花** 头状花序单生，或数个排成总状花序，花序梗长1~1.3cm；被褐色柔毛；花两性，萼齿鳞片状；无花瓣，雄蕊10~13枚，长7~8mm；子房密被褐色柔毛，花柱长4~5mm。

🌿 **果** 果序头状，宽2~3.5cm；蒴果卵圆形，长1.1~1.5cm，宽8~9mm，表面具瘤状突起。种子4~6粒。

本种分布广泛，东亚特有植物。依据IUCN濒危物种红色名录标准和等级，对该种植物进行评估，列为无危（LC）物种。

引种信息

华南植物园　登录号20041568，2004年引种，引自江西井冈山国家级自然保护区管理局茨坪林场。

南京中山植物园　登记号88I5501-2，1987年引种，引自福州国家森林园，已死亡。登记号88S-113，引自南京中山植物园。已死亡。

昆明植物园　1985年引种，引自云南大理白族自治州永平县。

物候和生长情况

华南植物园　2月下旬现蕾期，3月上旬至4月上旬花期，其中3月中下旬盛花期。5月至8月上旬果期。

昆明植物园　2月中旬现蕾期，2月下旬至3月下旬花期，其中3月初盛花期。5～7月果期。

适合栽培区域

中亚热带南缘可少量试种，南亚热带地区可引种栽培。

迁地栽培要点

喜温暖、半荫蔽的生长环境，不择土壤，但以土壤深厚、肥沃的壤土为佳。

主要用途

树形优美，可作园林绿化植物和庭院观赏；植株生长迅速，材质较好，为优良材用树种和造林树种。

识别要点

叶片厚革质，三出脉，节膨大，有托叶痕，叶片基部阔楔形。

植株

一年生嫩枝

二年生枝条

幼果

分裂叶形

托叶

叶背

叶面

雌花序

花末期

雄花花末期

雄花序

幼果

花序

果序

树干

果实

牛鼻栓属

Fortunearia Rehder & E. H. Wilson, Sargent, Pl. Wilson. 1: 427, 1913.

    落叶灌木或小乔木；小枝有星毛。叶倒卵形，互生，具柄，具羽状脉，第1对侧脉有第二次分支侧脉；托叶细小，早落。花单性或杂性，排成总状花序。两性花的总状花序顶生，基部有数片叶子；苞片及小苞片细小，早落；萼筒倒锥形，被毛，萼齿5裂，脱落性；花瓣5个，退化为针状，细小；雄蕊5个，花丝极短，花药2室，侧面裂开；子房半下位，2室，每室有胚珠1个；花柱2，分离，线形，反卷。雄花葇荑花序基部无叶片，缺乏总苞，雄蕊有短花丝，花药卵形，有退化子房。蒴果木质，具柄，室间及室背裂开，宿存萼筒与蒴果合生，长为蒴果之半，内果皮角质，与外果皮常分离。种子长卵形，种皮骨质；胚乳薄，胚直立，子叶扁平，基部微心形。

    1种，分布于中国中部各省。

    本属和蜡瓣花属很接近，只是花瓣针形，无退化雄蕊，蒴果有柄，先端伸直，尖锐，

28
牛鼻栓

别名： 福空木、厚壳树、木里仙、牛鼻栋、千斤力、野猪角

Fortunearia sinensis Rehder & E. H. Wilson, Sargent, Pl. Wilson. 1: 427. 1913.

树形　植株

自然分布

分布于陕西、河南、四川、湖北、安徽、江苏、江西及浙江等地。

迁地栽培形态特征

落叶灌木或小乔木，栽培植株高5m。

🌿 嫩枝有灰褐色柔毛；老枝变无毛，有稀疏皮孔，干后灰褐色；芽体细小，无鳞状苞片，被星状毛。

🍃 叶膜质或纸质，倒卵形或倒卵状椭圆形，长7~16cm，宽4~10cm；顶端圆，具短尖，基部圆形、微心形或阔楔形，稍偏斜；边缘有不规则锯齿，部分叶片边缘略皱波状；侧脉6~10对，第1对侧

脉第二次分支侧脉不强烈；叶面深绿色，叶脉被毛；嫩叶叶背被稀疏毛，浅绿色，脉上有长毛；叶柄长4~10mm，有茸毛；托叶早落。

🌸 两性花的总状花序长3~8cm，花序柄长1~1.5cm，花序轴长4~6.5cm，均被茸毛；苞片及小苞片披针形，少数卵形，长2~3mm，有星状毛；萼筒长1mm，无毛；萼齿卵形，长1.5mm，顶端有毛；花瓣狭披针形，比萼齿略短；雄蕊近于无柄，花药卵形，长1mm；花梗长1~2mm，有星毛。

🍎 蒴果卵圆形，长1.5cm，外面无毛，有黄白色皮孔和瘤状小突起，沿室间2片裂开，每片2浅裂，果瓣顶端尖，果梗长5~10mm。种子卵圆形，长约1cm，宽5~6mm，黑褐色，有光泽，种脐马鞍形，稍带白色。

本种华东地区野外分布较多，中国特有植物。依据IUCN濒危物种红色名录标准和等级，对该种植物进行评估，列为易危（NT）物种。

引种信息

南京中山植物园　登记号94U-55，1994年引种，引种地不详。登记号IP15-131，1988年引种，引自江苏南京市。

杭州植物园　登记号51C11002P95-1478，1951年引种，引自浙江杭州市临安区。

武汉植物园　引种号054038，2005年引种，引自安徽霍山县太阳乡。

上海辰山植物园　个体号20061184-1，2006年引种，引自浙江杭州市临安区天目山自然保护区，引种材料为种子。

物候和生长情况

南京中山植物园　2月下旬花芽膨大，3月下旬始花，叶芽膨大，4月上旬盛花期，同期开始展叶，4月下旬展叶完成。9月下旬至10月中旬果实成熟期。10月下旬至11月中旬落叶期。乡土树种，生长良好，正常开花结果。

杭州植物园　3月初叶芽膨大期；3月中旬萌芽期，开花初期；3月下旬展叶盛期，盛花期；4月上旬末花期。8月下旬至9月下旬果熟期。10月上旬落叶始期，10月下旬落叶盛期，11月下旬落叶末期。

武汉植物园　3月中旬展叶始期，3月下旬展叶盛期，3月底展叶末期。

上海辰山植物园　3月上旬始花期，芽膨大期，3月中旬盛花期，展叶初期，3月中下旬末花期，下旬展叶盛期。9月果期；10月下旬至11月上旬落叶期。9月中旬果熟期。生长表现良好。

适合栽培区域

黄河流域以南地区可栽培利用，热带地区引种慎重。

迁地栽培要点

喜温暖湿润环境，耐旱、略耐寒，喜光。栽培土质以土层深厚肥沃、排水良好的酸性至中性土壤为佳。幼苗期稍耐阴，成年树喜光。3~5年生袋苗可定植，秋季或春季移栽，成活率达80%以上。

繁殖以播种为主。随采随播即可，亦可沙藏，提高发芽率。

主要用途

可做生态造林树种，亦可药用，具益气止血之功效。

识别要点

落叶小乔木，叶片大，基部偏斜，不平展，有不规则锯齿，花序粗壮直立，北亚热带分布广泛。

二年生枝条

嫩枝

树皮

叶背

丛生主干

叶序

叶芽

初花期

花序

幼果

果实

果实

果序

果熟期

137

金缕梅属

Hamamlis Gtonov. ex L. Gen, 2: 54, 1743; Linn. sp. pl. 1: 124, 1753

　　落叶灌木或小乔木；嫩枝有绒毛。芽体裸露，有茸毛。叶阔卵形，薄革质或纸质，不等侧，常为心形，羽状脉，第1对侧脉通常有第二次分支侧脉，全缘或有波状齿，有叶柄，托叶披针形，早落。花聚成头状或短穗状花序，两性，4数；萼筒与子房多少合生，萼齿卵形，4片，被星毛；花瓣带状，4片，黄色或淡红色，在花芽时皱折；雄蕊4个，花丝极短，花药卵形，2室，单瓣裂开；退化雄蕊4个，鳞片状，与雄蕊互生；子房近于上位或半下位，2室；花柱2，极短；胚珠每室1个，垂生于心皮室的内上角。蒴果木质，卵圆形，上半部2片裂开，每片2浅裂；内果皮骨质，常与木质外果皮分离。种子长椭圆形，种皮角质，发亮；胚乳肉质。

　　5种，中国1种，北美及日本各有2种。此外还有化石见于北欧第三纪的地层里。

金缕梅属分种检索表

1a. 叶片长5～8cm，宽4～5cm；花瓣短小，中度以上卷曲；最下面1对侧脉没有明显的第二次侧脉
···29. **日本金缕梅 *H. japonica***

1b. 叶片长7～11.5cm，宽6～9cm；花瓣长，略卷曲；最下面1对侧脉有明显的第二次侧脉·············
···30. **金缕梅 *H. mollis***

29
日本金缕梅

Hamamelis japonica Siebold et Zucc., Abh. ath.-Phys. Cl. Königl. Bayer. Akad. Wiss., 4(2): 193, 1845.

整株

自然分布

原产日本。

迁地栽培形态特征

落叶灌木或小乔木，高达5m。冬芽长卵形，密被黄褐色茸毛。

🌿 灰白色，粗糙。当年生小枝具短茸毛。

🍃 单叶互生，叶片卵形或倒卵形，薄纸质，叶片长5~8cm，宽4~5cm；边缘有浅波状锯齿；侧脉7~8条，最下面1对侧脉没有明显的第二次侧脉，叶片基部偏斜；叶面绿色，初期具星状毛，后期脱落；叶背淡绿色，具稀疏茸毛。白露过后叶片逐渐枯萎，部分叶片凋落。多数叶片在枝条上宿存，翌年新叶萌发后，逐渐脱落。

🌸 花金黄色，带状花瓣4条，较小，常皱缩卷曲，长0.6~1.2cm，萼片内部深紫色。

🍎 未见结果。

引种信息

庐山植物园 引种信息不详。

南京中山植物园 登记号E207-014，1963年引种，引自Academia Scientiarum Polona Dendrologiae et Pologiae。登记号EI123-124，1961年引种，引自Academia Scientiarum Polona Dendrologiae et Pologiae。登记号EI170-035，1962年引种，引自Sav. Arboretum Mlynany P. Tesare nad Zitavou-CSR。登记号EI33-082，1956年引种，引自英国爱丁堡皇家植物园（Royal Botanic Garden Edinburgh，England）。

物候和生长情况

庐山植物园 2月下旬至3月上旬开花；4月上旬至中旬展叶期，8月底部分叶片枯萎或逐渐落叶；9月果实成熟；10月下旬进入休眠。

南京中山植物园 已死亡。

适合栽培区域

适合亚热带高山冷凉气候类型的地区和暖温带地区栽培。

迁地栽培要点

繁殖以播种为主，种子量少时，亦可扦插繁殖。喜温暖湿润环境，栽培土质以疏松透气、土层深厚肥沃、排水良好的酸性至中性土壤为佳。

主要用途

树姿优雅，枝叶茂密，花黄似金，非常艳丽。可露地栽培观赏，为优良的庭院观赏树种。

识别要点

叶面略皱，叶脉平直，直达齿端，最下面1对侧脉没有明显的第二次侧脉；通常叶片只有金缕梅一半大小，叶片上下表面具稀疏柔毛。花瓣明显比金缕梅略小，中度以上卷曲，边缘皱。

叶面

叶背

树干

叶序

植株

叶芽

花芽

花期

花期

花序

盛花期

30
金缕梅

别名： 木里仙、牛踏果、黑皮紫

Hamamelis mollis Oliver, Hook. f. Ic. Pl. 18: t. 1742. 1888.

整株

自然分布

分布于江西、四川、浙江、湖北、安徽、湖南及广西等地，常见生于山地灌丛中。

迁地栽培形态特征

落叶灌木或小乔木，栽培植株高 1.5～5m。

🌿 嫩枝有星状茸毛；老枝脱落后无毛；冬芽长卵形，密被黄褐色茸毛。

🍃 单叶互生，纸质或薄革质，宽倒卵圆形，长 7～11.5cm，宽 6～9cm；边缘有波状钝齿；最下面 1 对侧脉有明显的第二次侧脉；顶端短急尖，基部不等侧心形，叶面稍粗糙，略皱缩，有稀疏星状毛，无光泽，叶背密生灰色或灰黄色星状茸毛；叶柄被茸毛，托叶早落。

🌸 头状或短穗状花序腋生，有花数朵，花序柄短；花瓣带状，黄色，长约1.5cm；雄蕊4枚，花药与花丝几等长；退化雄蕊4枚，先端平截；子房有茸毛。

🍇 蒴果卵圆形，密被黄褐色星状茸毛；萼筒长为果实的1/3。种子椭圆形，黑色，具光泽。

本种分布区广泛，野外个体数较少，中国特有植物。依据IUCN濒危物种红色名录标准和等级，对该种植物进行评估，列为近危（NT）物种。

引种信息

南京中山植物园　引种登记号00-04，1985年引种，引种地不详，引种材料为种子。现已死亡。引种号2018I004，2017年底引种，引种材料为开花幼树，引自湖南恩施土家族苗族自治州。

杭州植物园　引种号00L00000U95-1480，1990年引种，引种地不详。

昆明植物园　1975年引种，引自杭州植物园。

武汉植物园　引种号032232，2003年引种，引自湖北利川市沙溪乡石门村五组甲壳山。引种号042243，2004年引种，引自湖北兴山县榛子乡幸福村。

庐山植物园　引种号无，原生种。

物候和生长情况

南京中山植物园　1月下旬花芽膨大期，2月中旬初花期，2月下旬盛花期，3月上旬末花期；3月中旬展叶期，3月下旬至4月上旬展叶盛期。未见结果；10月落叶期。成活植株生长一般。

杭州植物园　1月中旬现蕾期，下旬现蕾期；2月上旬花始期，2月中旬盛花期，3月上旬花末期，同时芽萌动，3月下旬开始展叶，4月上旬展叶末期；10月下旬叶片变色期，11月上中旬落叶盛期，中旬末落叶末期。生长中等。

昆明植物园　2月初现花蕾，2月中下旬始花，3月中旬盛花，4月初花末期；2月中旬叶芽萌动，3月初开始展叶，3月末展叶盛期，10月中旬开始落叶进入休眠期。生长较好。

武汉植物园　1月下旬始花期，2月上旬盛花期，2月中旬末花期；3月上旬展叶始期，3月中旬展叶盛期。生长较好。

庐山植物园　2~3月先开花；4月上旬至中旬展叶期；8月底部分叶片枯萎或逐渐落叶，9月果实成熟，10月下旬进入休眠。生长良好。

适合栽培区域

北京以南地区可以露地越冬，热带地区引种需慎重。

迁地栽培要点

繁殖以播种为主。喜温暖湿润环境，栽培土质以疏松透气、土层深厚肥沃、排水良好的酸性至中性土壤为佳。蒴果成熟时应及时采回放置阴凉通风处，在容器内阴干，需防止其种子弹射损失。采种后，干藏种子，发芽率高。

主要用途

本种树姿优雅，枝叶茂密，花黄似金，非常艳丽。可露地栽培观赏，为优良的庭院观赏树种。

识别要点

花条状金黄色或淡黄色，通常略卷曲，叶片基部偏斜，心形，叶面皱，粗糙，多灰黄色毛，叶背密生灰色茸毛。最下面1对侧脉有明显的第二次侧脉。

末花期

幼果

一、二年生枝条

主干

叶背

叶面

叶序

丛生树干

叶芽

花序

花末期

果实

盛花期

始花期

果实

果序

枫香树属

Liquidambar Linnaeus, Sp. Pl. 2: 999. 1753.

　　落叶乔木。叶互生，有长柄，掌状分裂，具掌状脉，边缘有锯齿，托叶线形，或多或少与叶柄基部连生，早落。花单性，雌雄同株，无花瓣。雄花多数，排成头状或穗状花序，再排成总状花序；每一雄花头状花序有苞片4个，无萼片及花瓣；雄蕊多而密集，花丝与花药等长，花药卵形，先端圆而凹入，2室，纵裂。雌花多数，聚生在圆球形头状花序上，有苞片1个；萼筒与子房合生，萼裂针状，宿存，有时或缺；退化雄蕊有或无；子房半下位，2室，藏在头状花序轴内，花柱2个，柱头线形，有多数细小乳头状突起；胚珠多数，着生于中轴胎座。头状果序圆球形，有蒴果多数；蒴果木质，室间裂开为2片，果皮薄，有宿存花柱或萼齿；种子多数，在胎座最下部的数个完全发育，有窄翅，种皮坚硬，胚乳薄，胚直立。

　　5种，我国有2种及1变种；此外，小亚细亚1种，北美及中美各1种。还有化石多种分布于北欧及北美的第兰纪或白垩纪的地层中。产于小亚细亚的L.orientalisMill.我国有栽培。

　　在APGⅣ中，本属已并入蕈树科（Altingiaceae），依旧为枫香树属（*Liquidambar*）。本文仍按照恩格勒分类系统，将其放在金缕梅科中进行描述。

　　本属各种的树脂及茎、叶、果实可供药用。树脂为苏合香或其代用品。

枫香树属分种检索表

1a. 叶片掌状3裂。
　　2a. 头状果序具果10~20个·····················31. **缺萼枫香树 L. acalycina**
　　2b. 头状果序具果20~40个·····················32. **枫香树 L. formosana**
1b. 叶片5裂，偶有3裂或7裂。
　　3a. 小枝绿色光滑·····························33. **苏合香 L. orientalis**
　　3b. 小枝红褐色，通常有木栓质翅·················34. **北美枫香 L. styraciflua**

31

缺萼枫香树

别名: 白皮枫、缺萼枫香

Liquidambar acalycina H. T. Chang, Acta Sci. Nat. Univ. Sunyatsen. 2: 33. 1959.

植株   树皮

自然分布

分布于安徽、广东、广西、贵州、湖北、江苏、江西、四川和浙江。生于海拔600～1000m的山坡林中。

迁地栽培形态特征

落叶乔木,栽培植株高12～15m。

茎 树皮灰褐色,纵裂,小枝粗壮,灰白色,无毛,具皮孔。顶芽长卵圆形,芽鳞红褐色,具光泽,两面无毛,边缘具黄褐色柔毛。

叶 叶阔卵形，掌状3裂，长5～12cm，宽7.5～17cm；中间裂片顶端尾状渐尖，裂片较长，两侧裂片三角卵形；边缘锯齿较钝，齿叶具腺体；掌状脉3～5条，在叶面显著，在叶背突起；叶两面均无毛；叶柄长4～13cm；托叶线形，早落。

花 雌雄同株，雄花序短穗状，数个总状排列；雄花无花瓣及花萼，花丝极短，花药卵圆形；雌花序头状，单生于短枝的叶腋，有雌花15～26（30）朵；雌花无花瓣，萼齿无或为鳞片状，花柱长5～7mm，顶端卷曲。

果 头状果序径约2.2cm，花柱宿存，粗而长，稍弯曲。种子多数，浅褐色，不规则多边形，有棱，径约2mm。

本种分布广泛，中国特有植物。依据IUCN濒危物种红色名录标准和等级，对该种植物进行评估，列为无危（LC）物种。

引种信息

华南植物园 登录号xx290018，来源不详。

南京中山植物园 登记号82I5501-22，1982年引种，来源不详。

杭州植物园 引种号79C22007P95-1483，1979年1月引种，引自湖南南岳树木园，引种材料为幼苗。

昆明植物园 1988年引种，引自南岳树木园。

峨眉山生物站 登录号为08-0502-JFS，引自重庆市南川区三泉镇，引种材料为幼苗。生长速度中等，长势一般，未开花结果。

物候和生长情况

华南植物园 2月下旬至3月上旬展叶期；3月中旬现蕾期，3月下旬至6月中旬花期，4～5月上旬盛花期；5～9月果期。

南京中山植物园 3月上旬叶芽膨大期，3月中旬叶芽萌动期，3月下旬展叶初期，现蕾；4月上、中旬花期，下旬花末期；4月中旬展叶盛期。9月上旬至下旬果熟期。

杭州植物园 3月上旬至中旬叶芽萌动期，3月下旬展叶期；3月底开花始期，3月上旬盛花期至末期；9月下旬至10月果实成熟期。10月上旬落叶始期，10月底落叶盛期，11月上旬落叶盛期。生长速度一般，较耐寒，表现中等。

峨眉山生物站 3月中上旬叶芽开始萌动，4月初开始展叶，10月中下旬开始落叶。

适合栽培区域

适宜于北亚热带及以南地区种植。

迁地栽培要点

喜凉爽湿润的气候，喜光，稍耐阴，对土壤要求不严，以疏松透气、排水良好的微酸性土壤为好。繁殖以播种为主。

主要用途

树姿高大挺拔，树冠开展，也是良好的秋色叶树种，可作园林绿化树木；木材可供建筑和家具制作。

识别要点

叶片互生，顶端3裂，叶片和小枝基本无毛，球形果序果实数量少，10～20个，相比枫香树针刺状宿存柱头少一半以上。

树形

叶背

树干

叶面

叶序

落叶期

叶芽

三年秋季变色

落叶末期

雄花序

果序

雌花序

果实

32
枫香树

别名： 白胶香、白香胶树、百日材、边柴、大叶枫、鹅足板、枫木、枫树、枫树果、路路通
Liquidambar formosana Hance, Ann. Sci. Nat. Bot., ser. 5, 5: 215. 1886.

整株　　　　　　　　冬态　　　　　　　　整株

自然分布

产我国秦岭及淮河以南各地，北起河南、山东，东至台湾，西至四川、云南及西藏，南至广东；亦见于越南北部、老挝及朝鲜南部。

迁地栽培形态特征

落叶乔木，栽培植株高18m，直径60cm。

🌿 幼年树树皮灰白色，光滑，成年树树皮灰褐色，树皮纵裂，方块状剥落；小枝被柔毛，略有皮孔；芽体卵形，长约1cm，略被微毛。

🍃 叶薄革质，阔卵形，掌状3裂，中央裂片较长，顶端尾状渐尖；两侧裂片平展，基部心形；边缘有锯齿，齿尖有腺状突；掌状脉3~5条，在上下两面均显著，网脉明显可见；叶面绿色，干后灰绿色，不发亮；幼叶叶背有短柔毛，后期渐变秃净仅在脉腋间有毛；叶柄长可达5~10cm，常有短柔毛。

🌸 雄性短穗状花序常多个排成总状，雄蕊多数，花药比花丝略短。雌性头状花序有花20~40朵，花序柄长3~5cm；萼齿4~7个，针形；花柱长6~10mm，先端常卷曲。

🔴 头状果序圆球形，木质，直径3~4cm；蒴果下半部藏于花序轴内，有宿存花柱及针刺状萼齿。种子多数，褐色，多角形或有窄翅。

本种分布广泛，东亚特有植物。依据IUCN濒危物种红色名录标准和等级，对该种植物进行评估，列为无危（LC）物种。

引种信息

华南植物园　登录号xx040038，来源不详。

南京中山植物园　　登记号89I52，1956年引种，引自南京市紫金山。登记号89S497，本园，引种时间不详。登记号II49-107，1954年引种，引自中国科学院植物研究所华东站。登记号IP15-83，1954年引种，引自南京。

杭州植物园　　登记号51C11001S95-1484，1951年引种，引自浙江杭州市。

昆明植物园　　1976年引种，引自云南广南县牧宜村。

武汉植物园　　引种号无，园区原有。

上海辰山植物园　　个体号20107100-1，2010年引种，引自工程苗市场。

西双版纳热带植物园　　登记号00,1977,0286。1977年引种，引自福建福州市林业科学研究所，引种材料为种子。

物候和生长情况

华南植物园　　3月上旬现蕾期，3月上中旬展叶期；3月中旬花期，3月下旬至5月中旬花期，4月盛花期；5～8月果期。生长一般。

南京中山植物园　　3月上旬萌芽期；3月中旬展叶初期，3月下旬展叶盛期；4月下旬始花期，5月上旬盛花期；10月下旬叶片变色期，11月下旬至12月上旬落叶期；果熟期11～12月。生长较好。

杭州植物园　　3月上旬叶芽膨大期、花芽膨大期；3月中旬展叶初期、开花初期；3月下旬展叶盛期，开花初期盛期和末期；9月上旬～10月上旬果熟期，10月下旬果熟末期，10月中旬变色期；11月中旬变色末期，落叶末期。生长良好。

昆明植物园　　12月末叶芽萌动，1月中旬开始展叶，2月初展叶盛期；2月初盛花期，2月下旬末花；9～10月果实成熟；10月底出现叶色变化；11月底落叶进入休眠。生长良好。

武汉植物园　　3月上旬展叶始期、现蕾期；3月中旬展叶盛期，中旬后半段展叶盛期、始花期；3月下旬盛花期，3月底末花期；11月上旬果熟期。生长良好。

西双版纳热带植物园　　2月上旬展叶始期，3月下旬展叶盛期，5月上旬展叶末期；1月下旬花芽膨大，2月中旬始花，2月下旬盛花，3月下旬花末；7月中旬至12月中旬果熟期；落叶期1月上旬至4月上旬。生长良好。

上海辰山植物园　　3月中旬展叶初期、始花期；3月下旬盛花期；4月初展叶盛期至末期；10月果熟期；11月中旬开始落叶。生长表现良好。

适合栽培区域

黄河流域以南地区可以露地栽培，南方高海拔地区亦可栽培。

迁地栽培要点

喜温暖湿润环境，耐旱、略耐寒，喜光。栽培土质以土层深厚肥沃、排水良好的酸性至中性土壤为佳。幼苗期稍耐阴，成年树喜光。3～5年生袋苗可定植，秋季或春季移栽，成活率达80%以上。繁殖以播种为主。随采随播即可，亦可沙藏春播，提高发芽率。

主要用途

秋叶变色效果明显，可作为风景林基础树种；可做生态造林树种，亦可药用，具益气止血之功效。也可作为园林绿化树种。

识别要点

叶片互生，小枝和幼叶下面都被柔毛，顶端3裂，果序圆球形、悬垂，果序有种子20～40个，表面布满宿存针刺状花柱。

老枝

叶面

雌花盛期

雌花序

雄花初花期

雄花末期

花

变色期

虫瘿

花和果

树干

树形

景观应用

幼果期

33
苏合香

别名: 苏合油、流动苏合香

Liquidambar orientalis Mill., Gard. Dict. ed. 8, n. 2. 1768.

整株   树干   树皮

自然分布

原产土耳其、叙利亚、埃及、索马里和波斯湾附近各国。广西、云南和南京有栽培。

迁地栽培形态特征

栽培条件下树高8～10m。

🈷 幼年树树皮灰色,略光滑,成年树树皮灰褐色,竖条状深裂;小枝光滑无毛,略有皮孔。

🈷 叶纸质至厚纸质,互生;具长柄;托叶小,早落;树冠叶片掌状5裂,偶有3裂;下部叶片偶有7裂,裂片卵形或长方卵形,顶端近急尖或渐尖;基部心形,边缘有细锯齿;掌状脉5条,两面均清晰,背面突出;叶面无毛,叶背脉腋间有毛;叶柄长5～8cm;托叶条形,早落。

🈷 本种在20世纪80年代后期,一直能够正常开花结果,至90年代中期以后,生长逐步衰退,目前仅余1株生长,未见开花,并处于衰退中。

🈷 未见。

155

引种信息

　　南京中山植物园　登记号80E801～42，1980年引种，引自联邦德国，引种材料为种子。

物候和生长情况

　　南京中山植物园　3月初叶芽膨大、中旬开始萌芽、下旬展叶初期，4月上旬展叶盛期；10月下旬至11月中旬落叶期。

适合栽培区域

　　在地处亚热带北缘的南京，初期表现良好，后期表现不佳，在中亚热带以南可尝试引种栽培。

迁地栽培要点

　　喜温暖湿润环境，略耐旱，喜光。栽培土质以土层深厚肥沃中性土壤为佳。幼苗期稍耐阴，成年树喜光。

　　繁殖应以播种为主。近期曾做过嫩枝扦插和枫香树为砧木的嫁接试验，成活率为0。南京中山植物园现存所栽培植株是以枫香为砧木的嫁接苗，这可能是其在前期生长良好，可开花结果，而在后期生长衰退的主要原因之一。

主要用途

　　可作生态造林树种和观赏树种，秋季叶色变红、黄、橙等色。亦可药用，具益气止血之功效。

识别要点

　　本种叶片5裂，偶有3裂或7裂，基部心形，边缘有锯齿；小枝绿色光滑。

老干上短枝

一年生枝条

一年生嫩枝

二年生枝条

叶片

叶序

叶背

叶面

34

北美枫香

别名： 美洲胶糖枫香、北美枫香树、美国枫香、胶皮枫香树、北美苏合香、胶皮糖香树

Liquidambar styraciflua L., Sp. Pl. 2: 999. 1753.

自然分布

美国东南部。

迁地栽培形态特征

落叶乔木，栽培植株高9～11m。

（茎）树皮灰褐色，方块状剥落；小枝红褐色，常具木栓质翅，被柔毛，略有皮孔。

（叶）叶互生，宽卵形，叶面深绿色，有光泽，叶背淡绿色；背面主脉脉腋有簇生锈色毛；掌状5～7裂，裂片锐尖，具细锯齿，长10～18cm，叶柄长6～9.5cm。

（花）花单性同株，雌花序卵球形，直径1cm左右，花序梗3～5cm，花黄色。

（果）果序圆球形，由多数蒴果聚合而成，木质，直径2.5～3.5 cm，花序宿存，萼齿锥状，顶端弯曲；种子小，多角形，略扁。

引种信息

昆明植物园　1986年引种，引自美国。

西双版纳热带植物园　登记号00,1977,0286。1977年引种，引自福建福州市林业科学研究所，引种材料为种子。

南京中山植物园　引种号E1053–035，引种时间1964年7月，引自前苏联，引种材料为种子。

物候和生长情况

昆明植物园　1月初叶芽萌动，1月下旬开始展叶，2月中下旬展叶盛期；10月底落叶进入休眠，因光照不足，长势弱，没有明显叶色变化。

西双版纳热带植物园　物候不详，生长情况一般。

南京中山植物园　3月上旬萌芽期；3月中旬展叶初期，3月下旬展叶盛期；4月下旬始花期，5月上旬盛花期；10月下旬叶片变色期，11月下旬至12月上旬落叶期；11～12月果熟期。生长较好。

适合栽培区域

被广泛引种栽培，北半球温带、亚热带。目前淮河以南地区栽培较多。

迁地栽培要点

喜光照、耐湿润，耐低温，可耐–23℃低温。成龄树根深抗风，适应性强。栽植在肥沃、潮湿、冲积性黏土和江河底部的肥沃黏性微酸土地生长最好，但种植在山地和丘陵地区也有良好表现。播种繁殖。幼苗期有猝倒病和根腐病等，每半月喷施多菌灵即可，成年树抗病能力较强，未见明显病虫害。在江苏地区栽培植株在生长量、树形等方面明显不如枫香树。

主要用途

目前，国内引种多作为园林绿化树种来进行应用，亦可用来造林。成年树可以用来制作板箱等。

识别要点

叶片5裂，小枝红褐色，通常有木栓质翅。

变色期

树形

老枝

气生根

树干

二、三年生枝条

嫩叶

叶面

叶背

盛花期

冬芽

树皮

叶片变色期

檵木属

Loropetalum Brown, G. F. Abel, Narr. Journ. China, App. B. 375, 1818.

常绿或半落叶灌木至小乔木，芽体无鳞苞。叶互生，革质，卵形，全缘，稍偏斜，有短柄，托叶膜质。花4–8朵排成头状或短穗状花序，两性，4数；萼筒倒锥形，与子房合生，外侧被星毛，萼齿卵形，脱落性；花瓣带状，白色，在花芽时向内卷曲；雄蕊周位着生，花丝极短，花药有4个花粉囊，瓣裂，药隔突出；退化雄蕊鳞片状，与雄蕊互生；子房半下位，2室，被星毛，花柱2个；胚珠每室1个，垂生。蒴果木质，卵圆形，被星毛，上半部2片裂开，每片2浅裂，下半部被宿存萼筒所包裹，并完全合生，果梗极短或不存在。种子1个，长卵形，黑色，有光泽，种脐白色；种皮角质，胚乳肉质。

4种及1变种，分布于亚洲东部的亚热带地区。我国有3种及1变种，另1种在印度。

檵木属分种检索表

35

檵木

别名： 檵树、檵条子、坚漆柴、茧漆、结结满、金梨漆等

Loropetalum chinense (R. Br.) Oliver, Trans. Linn. Soc. 23: 459, f. 4, 1862.

植株

枝条

自然分布

我国中部、南部及西南各省区常见；亦见于日本及印度。海拔10～1200m，喜生于向阳的丘陵及山地，亦常出现在马尾松林及杉林下。

迁地栽培形态特征

灌木，有时为小乔木或者中等乔木，栽培植株高1.5～5m。

（茎）树皮呈长块状开裂，嫩枝有星状毛。

（叶）叶革质，常绿或半常绿，卵形，长2～5（7）cm，宽1.5～2.5（3.5）cm；顶端尖锐，基部钝，通常不等侧而歪斜；全缘；侧脉约5对，上面明显，下面突起；新叶常淡红色，老时暗绿色，叶面无光泽，叶面皱，叶背常被星状毛而呈灰白色，叶柄长2～5mm，被星状毛；托叶膜质，三角状披针形，长3～4mm，宽1.5～2mm，早落。

（花）3～8朵簇生枝上部叶腋，有短梗，常与嫩叶同时开放；苞片线形，长3mm；萼筒杯状，被星状毛，萼齿卵形，长约2mm，花后脱落；花瓣4，白色，带状，长1～2cm；雄蕊4个，花丝极短，药隔突出成角状；退化雄蕊4个，鳞片状，与雄蕊互生；子房下位，被星毛；花柱长约1mm。

（果）蒴果卵圆形，长7～8mm，宽6～7mm；顶端圆，被褐色星状茸毛。种子圆卵形，长4～5mm，黑色。

本种分布广泛。依据IUCN濒危物种红色名录标准和等级，对该种植物进行评估，列为无危（LC）物种。

引种信息

华南植物园 登录号20085419，2008年引种，引自广东广州市。登录号20070261，2007年引种，引自湖南桑植县巴茅溪乡天平山。

南京中山植物园 引种信息不详，栽培时间为1984年。

杭州植物园 登记号53C11002S95-1485，1953年引种，引自浙江杭州市临安区。

昆明植物园　1976年引种，引自湖南新宁。

武汉植物园　园区原有。

上海辰山植物园　个体号20050074-3，2005年引种，引自浙江临安象鼻山。引种材料为种子。

物候和生长情况

华南植物园　2月下旬至4月下旬花期，其中盛花期3月中旬至4月上旬；5～7月果期；展叶期3月中旬至4月上旬。生长良好。

南京中山植物园　3月上旬叶芽膨大期，3月中旬现蕾期，3月下旬萌芽初期；4月上旬至中旬盛花期、展叶盛期，4月下旬末花期、展叶末期；9月上旬至10月上旬果熟期。生长中等，能正常开花，结果较少。

杭州植物园　3月上旬叶芽萌动期；3月下旬萌芽期；3月下旬开花始期、展叶始期，4月上旬盛花期和展叶盛期，4月中旬末花期；8月下旬果熟期。生长良好。

昆明植物园　3月初现花蕾，3月中旬始花，4月初盛花；2月下旬叶芽萌动，3月初开始展叶。未见果。生长中等。

武汉植物园　3月上中旬展叶始期、展叶盛期，3月中下旬展叶末期；3月中旬花期；10中旬果熟期。生长良好。

上海辰山植物园　3月上旬花芽萌动，3月下旬始花期、萌芽初期，4月上旬盛花期、萌芽盛期。未见果。生长表现良好。

适合栽培区域

黄淮以南地区可以露地栽培。

迁地栽培要点

作为野外分布较广的物种，本种适应性极强，能耐阴，但也不排斥光照，能忍受一定程度干旱，病虫害亦较少发生。露天条件下通常都生长良好，为保证好的株型，需要从幼株开始适时修剪造型。主要采用播种和扦插的方式进行繁殖，出苗率和扦插成活率均较高。

主要用途

早春花白而繁，可供园林观赏。花、叶、根、果、种子均可入药，有止血活血、消炎止痛之效，常用叶嚼烂敷刀伤。花、叶治烧烫伤。

识别要点

叶片常绿、小、顶端圆，条状花瓣4，白色。

叶面

叶背

初花期

花序

花序

树干

砧木

果壳

果实

一年生枝条

嫩叶

当年生嫩枝

整株

36
红花檵木

Loropetalum chinense var. *rubrum* Yieh, China Bull. Hort. Special Issue. 2: 33. 1942.

植株

自然分布

产广西、湖南。生于灌丛中。

迁地栽培形态特征

常绿灌木，自基部多分枝。

🟢茎 同原变种。

🟢叶 形态特征同原变种，但新叶通常保持红色，部分筛选出的品种叶片常年保持紫红色。

🟢花 形态特征同原变种，但花瓣紫红色。

🟢果 同原变种，萼筒被红褐色茸毛，但结实率较低。

本种分布区狭窄，东亚特有植物。依据IUCN濒危物种红色名录标准和等级，对该种植物进行评估，列为近危（NT.）物种。

引种信息

华南植物园　登录号20075066，2007年引种，引自广州。

南京中山植物园　无引种号，引自花卉市场，引种材料为幼树。

杭州植物园　登记号00C22000P95-1486，1981年引种，引自湖南。

昆明植物园　1989年引种，引自湖南南岳树木园。

武汉植物园　记录不详。

西双版纳热带植物园　登记号00,2001,0451。2001引种，引自中国医学科学院药用植物研究所云南分所。引种材料为苗木。

物候和生长情况

华南植物园　2月上旬至中旬现蕾期，花期2月下旬至5月上旬，盛花期3~4月。未见果。生长中等。

南京中山植物园　2月中旬花芽膨大，下旬现蕾期；3月上旬叶芽膨大，开花初期，3月中下旬盛花期；3月下旬展叶初期，4月上旬展叶盛期。4月中旬花末期；9~10月果熟期。生长良好。

杭州植物园　3月上旬叶芽膨大期；3月中旬叶芽萌动期，花芽膨大期；3月下旬展叶初期、现蕾期和花始期；4月上旬展叶末期、盛花期；4月中旬末花期；8月下旬果熟期，10月末果实成熟末期。生长良好。

昆明植物园　2月初现花蕾，2月中旬始花，3月初盛花，4月初花末期；3月初叶芽萌动，4月初展叶盛期。未见果。生长良好。

武汉植物园　3月上旬展叶始期，中旬展叶盛期，中下旬展叶末期；4月中旬开花始期，4月下旬盛花期，下旬末花期；10月中旬果熟期。生长良好。

西双版纳热带植物园　1月上旬花芽膨大，2月上旬开花始期，3月上旬盛花期，5月中旬花期结束；2月上旬开始展叶，2月中旬至3月中旬展叶盛期，4月上旬展叶末期；果熟期11月上旬至12月下旬；10月上旬至12月下旬落叶期。生长良好，无病虫害。

适合栽培区域

淮河以南地区可露地栽培。

迁地栽培要点

喜光，稍耐阴，但阴时叶色容易变绿。适应性强，耐旱。喜温暖，耐寒冷。萌芽力和发枝力强，耐修剪。耐瘠薄，但适宜在肥沃、湿润的微酸性土壤中生长。主要采用扦插的繁殖方法进行小苗繁育。

花

盛花期

主要用途

红花檵木春季花开时节，满树红花，极为壮观，其他时节常年枝繁叶茂，耐修剪，耐蟠扎，既可用于绿篱，也可用于制作树桩盆景。南方各地广泛栽培做观赏植物。

识别要点

叶片通常略显紫色，新发叶片紫红色，条状花瓣紫红色或玫红色，长2cm。

整株　　树形

景观应用

嫩叶

叶背

初花期

幼果

景观应用

169

壳菜果属

Mytilaria Lecomte, Bull. Mus. Hist. Nat. (Paris), 30: 504, 1924.

常绿乔木，小枝有明显的节，节上有环状托叶痕。叶革质，互生，有长柄，阔卵圆形，嫩叶先端3浅裂，老叶全缘，基部心形，具掌状脉，托叶1片，长卵形，包住长锥形的芽体，早落。花两性，上位，螺旋排列于具柄的肉质穗状花序上；萼筒与子房连合，藏在肉质花序轴内；萼片5~6个，卵圆形，大小不相等，覆瓦状排列；花瓣5个，稍带肉质，带状舌形；雄蕊多于10个，着生于环状萼筒的内缘，花丝粗而短，花药内向，有4个花粉囊；子房下位，2室，花柱2，极短，胚珠每室6个，生于中轴胎座上。蒴果卵圆形，上半部2片裂开，每片2浅裂，外果皮较疏松，稍带肉质，易碎，内果皮木质。种子椭圆形，种皮角质，胚乳肉质，胚位于中央。

仅有1种，分布于我国两广及云南；同时亦见于越南及老挝。

37
壳菜果

别名： 谷菜果、合掌叶、鹤掌叶、米老排、山油桐、朔潘、鹅掌叶

Mytilaria laosensis Lecomte, Bull. Mus. Hist. Nat. (Paris), 30: 505. 1924.

树形

自然分布

分布丁广东、广西、云南，老挝、越南也有分布。生十海拔1000m的森林。

迁地栽培形态特征

乔木，栽培植株高8～12m。

茎 树皮灰褐色至青褐色，具纵向皮孔状裂纹，小枝无毛，具绿色皮孔，有环状托叶痕，节膨大。

叶 互生，叶片厚纸质至薄革质，阔卵形，长9～17cm，宽8.5～20cm；顶端3浅裂，裂片三角状，具尾尖，中间裂片稍大，边全缘，基部稍心形或截平；掌状脉3～5条，在叶面稍明显，在背面突起，两面无毛；叶柄长3～8cm；托叶长倒卵状披针形，外面无毛，内面密被柔毛，早脱落。

花 穗状花序肉状，顶生或腋生，长3～5cm；淡黄绿色，花序梗长2.5～3cm，粗壮，向顶端稍增粗，无毛；花多数，密集；萼筒嵌入肉质的花序轴中，与子房壁连生，裂片5～6枚，卵圆形；花瓣棒状，长9～11mm，常5枚；雄蕊10～13枚，突起，顶端截平；子房下位，花柱长1.5～2mm。

果 蒴果长1.5～2cm，外面无毛，木质，成熟时黄褐色至褐色；种子轮廓长圆状三角形，长1～1.2cm，宽5～6mm，棕褐色，表面具光泽。

本种分布区狭窄，东亚特有植物。依据IUCN濒危物种红色名录标准和等级，对该种植物进行评估，列为易危（VU）物种。

引种信息

华南植物园　登录号20051667，引自广东云浮市郁南县。

南京中山植物园　登记号201711346，2017年引种，引自浙江温州市苍南县莒溪镇莒溪大峡谷，引种材料为树下幼苗。母树为栽培植株。

西双版纳热带植物园　登记号00,1965,0445。1965年引种，引自广西南宁市林业科学研究所，引种材料为种子。

物候和生长情况

华南植物园　花期3月中旬至6月上旬，其中盛花期4月中旬至5月中旬，5月下旬末花期；果期近全年。

南京中山植物园　新引种植物，冬季有冻害发生。4月初开始展叶，4月中下旬展叶盛期。

西双版纳热带植物园　4月上旬花芽膨大，4月中旬开花始期，5月上旬盛花，5月下旬花期结束。3月上旬叶芽萌动期，3月中旬至4月中旬展叶盛期，4月下旬展叶末期；9月中旬至下旬果熟期；落叶期12月上旬至12月下旬落叶期。生长良好。

适合栽培区域

中亚热带南缘以南地区可以露地栽培；中亚热带以北地区不适合露地栽培。

迁地栽培要点

本种生性强健，不择土壤，但在肥沃、湿润、排水性好的壤土和全日照、半日照环境下生长良好。

主要用途

本种分蘖力强，为次生林的常见树种之一，华南地区多作为造林树种进行应用，亦可作为优良绿化树种。

识别要点

小枝粗壮，节膨大，有环状托叶痕。叶片阔卵形，全缘或三浅裂，掌状脉，常见盾状着生；花序直立，花密集，花瓣白色，极不显著。

叶序　　叶芽

当年生枝条

嫩枝

主干

叶背

花

花末期

花序

花序

果实

果序

果实

银缕梅属

Parrotia C. A. Meyer, Verzeichn. Pfl. Casp. Meer, 46, 1831.

落叶乔木，高30m。叶片互生，幼时具星状短柔毛，托叶早落，留下痕迹；叶片宽卵形或椭圆形，叶片膜质，叶脉被糙伏毛，两面具星状短柔毛。植物雄全同株。花序近头状穗状花序，腋生或顶生。每个花序具3~7花；花序具棕色宽苞片，具长柔毛。花雄性和两性，先叶开放；萼片7~8，形状不规则，呈螺旋状排列，基部合生。宿存。无花瓣，雄蕊（5）10~18枚，子房半下位，柱头二裂，呈不规则卷曲。蒴果沿花序轴螺旋排列，无梗，圆球状，柱头宿存，木质，密被星状短柔毛。种子狭椭圆形，黑色或棕黑色。

在刘夙等在多识百科中，依据李建华等研究证据，把银缕梅从*Parrotia*中划分出来，重新放入邓懋彬先生发表的*Shaniodendron*中，承认银缕梅属（*Shaniodendron*），这是一个狭义概念的属。本志继续沿用广义的银缕梅属（*Parrotia*）。

银缕梅属分种检索表

38

银缕梅

别名： 小叶银缕梅、小叶金缕梅、脱皮榆

Parrotia subaequalis (H. T. Chang) R. M. Hao & H. T. Wei, Acta Phytotax. Sin. 36: 80. 1998.

整株　幼树　植株

自然分布

分布于河南南部、安徽南部、浙江中北部、江苏南部。

迁地栽培形态特征

落叶灌木或小乔木，栽培植株高11m，直径17cm。

茎 树皮光滑，幼龄树皮呈灰白色或灰褐色，10龄以上的大树树皮呈片状脱落，形成斑驳的树干。

叶 单叶互生；纸质，阔倒卵形，先端钝，基部圆形、截形或微心形，两侧略不整齐，边缘中部以上有钝锯齿，叶片两面及叶柄均有星状毛。

花 短穗状花序腋生或顶生，花序轴的总长度在0.5~0.8cm；花小，两性花和雄花同株；小于0.5mm。花无柄，无花瓣。花萼下部连合，上部边缘5~7浅裂。先叶开放，无花瓣，每朵花的雄蕊数量为(5)9~15(16)；花丝银白色，花药橙红色，花丝伸长而下垂。

果 果穗长3~5cm；果实为蒴果，无柄，密集着生于花序梗顶端，呈假头状，每个花序有果实3~7（9）个。果实略呈扁椭圆形，长8~14mm；顶端宿存花柱2，呈120°斜伸至两侧，长3~4mm；果实表皮具灰褐色茸毛，萼筒长约为蒴果的1/4。果实纵向开裂。种子长卵圆形，长6~8mm，宽2~3mm，黑褐色，具光泽。

本种分布区狭窄，野外种群数量少，中国特有植物。依据IUCN濒危物种红色名录标准和等级，对该种植物进行评估，列为濒危（EN）物种。

引种信息

南京中山植物园 登记号I93-200，1993年引种，引自江苏宜兴市善卷洞，引种材料为种子。登

175

记号I91-035，1991年引种，引自江苏宜兴市大坞乡，引种材料为幼苗。

杭州植物园　登记号02C11002-060，2002年引种，引自浙江安吉龙王山，引种材料为幼苗。

昆明植物园　201712001，2017年引种，引自江苏宜兴。

上海辰山植物园　20150350-1，2015年引种，引自浙江农林大学植物园，引种材料为幼苗。

物候和生长情况

南京中山植物园　1月下旬花芽膨大，2月下旬开花始期，3月上旬叶芽萌动期；3月中旬盛花期，开始展叶；3月下旬花期结束；3月下旬至4月中旬展叶盛期，下旬展叶末期；9月中旬至下旬果熟期；11月中下旬落叶期。生长较好，已正常开花结果10年以上。

杭州植物园　3月上旬叶芽膨大期，3月中旬萌芽期、展叶初期；3月下旬展叶末期。未见花果。10月叶变色期，10月下旬至11月下旬落叶期。

昆明植物园　2月下旬叶芽膨大期，3月上旬萌芽期、展叶初期，3月中旬展叶末期。11月中旬叶变色期，11月下旬落叶期。未见花果。

上海辰山植物园　4月上旬展叶始期，中旬展叶盛期，下旬展叶末期；11月下旬落叶期；未见果。

适合栽培区域

北京以南地区可以露地栽培，南亚热带至热带区域需慎重引种栽培。

迁地栽培要点

喜光，喜温暖湿润环境，耐干旱、略耐寒。栽培土质以疏松透气、土层深厚肥沃、排水良好的酸性至中性土壤为佳。幼苗期稍耐阴，成年树需保证充足光照。3年生袋苗可定植，春季带土球定植成活率达90%以上。

施富含腐殖质的肥料，保证土壤疏松肥沃及排水良好，能加快植株的生长。在旱季，进行适当浇水。繁殖以播种和扦插为主。蒴果成熟前，应及时采回放置阴凉通风处，在有小孔隙容器内阴干，需防止其种子弹射损失。采种后，冬季最低气温0℃以上的地区，宜随采随播，若储藏后播种，发芽率会降低；最低温度0℃以下的地区，宜对种子进行湿沙层积储藏，待春季气温回暖后播种。干藏种子，发芽率降低。

主要用途

本种树姿广阔，树皮斑驳奇丽，叶片秋季变成橙红、鲜黄和橙黄等色。银白色花丝缕缕下垂，随风飘拂，观赏价值较高。在北京以南地区，可露地栽培观赏，为优良的庭院观赏树种。亦可做盆景栽培。

识别要点

成年树皮片状剥落，光滑，花无花瓣，花丝银白色，先直立，后下垂。

叶面

叶背

变色期

初花期

雌蕊

花药

末花期

盛花期

雄蕊

树皮

嫩叶

主干

果熟期

盛花期

177

39

波斯银缕梅

别名： 波斯铁木、帕罗梯木

Parrotia persica (DC.) C. A. Mey., Verz. Pfl. Casp. Meer. 47. 1831.

整株　　　　　　冬态

自然分布

伊朗北部和阿塞拜疆南部，阿尔伯兹山脉特有种。

迁地栽培形态特征

落叶小乔木或灌木，栽培植株高4.5m。

茎 树皮片状剥落，剥落处呈绿色、白色或棕褐色。

叶 叶椭圆形到长圆形，长5~13cm；上1/3叶缘具粗锯齿，其余全缘，基部稍偏斜，幼叶紫红色，夏季叶色深绿，有光泽，叶秋季变黄色、红色。

花 花小，花萼4，无花瓣，雄蕊红色浓密显著，长约1cm；成簇着生，花丝白色，随花的发育而逐渐伸长，苞片褐色，大小不一，具浓密茸毛，着生于缩短的花序轴上，花先叶开放。

果 蒴果两心皮，各着生1粒种子。

引种信息

上海辰山植物园 个体号20080470，2008年2月15日由黄卫昌、田旗从荷兰引种，引种材料为苗。

物候和生长情况

上海辰山植物园 3月中旬或下旬新叶出，4月中旬或下旬成叶，12月上旬落叶，且变为金黄色，随即干枯变褐色，翌年3月无叶；1月上旬初花，2月中旬盛花，2月下旬落花，3月上旬无花；3月下旬幼果发育，6月下旬果实成熟。种子脱落后，蒴果外果皮宿存。生长表现一般。

适合栽培区域

华东地区可栽培，其余地区可适量引种栽培，并观察其生长情况。

迁地栽培要点

喜光、耐干旱、耐寒。栽培土质以酸性至中性、潮湿、排水良好的土壤为佳。慢速或中速生长，耐受性强，春季花后修剪。

主要用途

幼树树皮光滑灰色，成年树树皮斑驳奇丽，呈现白、灰、绿色斑块。叶片秋季变成橙红、鲜黄和橙黄等色，观赏价值较高。

识别要点

无花瓣、花丝银白色，和同属的银缕梅主要区别在于：波斯银缕梅叶片椭圆形至长圆形，叶片长度和宽度近2倍于银缕梅。

嫩枝

当年生枝条

树皮

托叶

解剖图

5 mm

叶柄

叶片

叶背

幼果期

花序

嫩枝

果序

盛花期

幼果期

树干

树干

白缕梅属

Parrotiopsis (Nied.) C. K. Schneid, Illustriertes Handbuch der Laubholzkunde、1: 429. 1905.

　　落叶小乔木或灌木，高6m。叶近圆形，顶端钝，边缘具圆齿状锯齿，叶面浅绿色，有光泽，背面具绒毛；叶柄被茸毛。花序近头状，具花序梗，多花聚生在短的花序轴上，无花瓣，花两性。具较大白色苞片，显著，宿存。外侧密被短褐色茸毛；雄蕊15枚，花丝白色，直立，花药黄色。子房密被毛。蒴果，成簇生于缩短的花序轴上。种子椭圆形，棕色，有光泽。

　　本属1~2种，分布于南亚次大陆。我国引种1种。

40
白缕梅

Parrotiopsis jacquemontiana (Decne.) Rehder, J. Arnold Arbor. 1: 256. 1920.

树形

冬态

树皮

自然分布

喜马拉雅山西部地区，海拔1200～2800m林下灌木丛。

迁地栽培形态特征

落叶灌木或小乔木，栽培植株高4～6m，冠幅可达4m。

茎 树干灰黑色，光滑，具多数皮孔，嫩枝紫红色，被鳞毛；老枝红褐色或土黄色，光滑，有少数皮孔；芽具深褐色短柔毛。

叶 叶近圆形，边缘具圆齿状锯齿，叶片长5～8cm，宽3.5～8cm；叶面绿色，叶背浅绿色，有光泽，叶背具较密茸毛或鳞毛，叶脉尤甚；叶柄长1～1.8cm，被鳞毛，黄绿色；秋季叶色变黄。

花 花序短，近头状，具花序梗，多花，花两性，无花瓣；苞片白色，显著，宿存，密被褐色短柔毛；雄蕊15枚，花药黄色，花丝长3～4mm，直立；子房密被毛。花先叶开放。

果 蒴果，成簇生长，表面有鳞毛。种子椭圆形，长6mm，棕色，有光泽。

引种信息

上海辰山植物园 个体号20080472，2008年2月15日引种，由黄卫昌、田旗从荷兰购买苗。

物候和生长情况

上海辰山植物园 4月上旬新叶出，5月上旬或中旬成叶，10月下旬至11月下旬落叶，12月无叶；3月中旬或下旬初花期，3月下旬或4月上旬盛花期，4月上旬落花，4月中旬无花；9～10月果期。生长表现良好。

适合栽培区域

华东地区栽培情况尚好，可适当扩大栽培范围，从而观察并确定最适栽培地区。

迁地栽培要点

喜半遮阴环境，耐寒性好。栽培土质以土层深厚肥沃、湿润、排水良好、酸性土壤为佳。以种子繁殖为主，发芽需要18个月，其中4个月需要寒冷湿润的环境。也可以扦插繁殖。

叶背

叶面

主要用途

　　木材坚硬，纹理细密，可用于制作把手、手杖、帐篷钉、斧柄等，树枝用于制作篮子和绳索。多采用种子繁殖，从本科植物生物学特性来看，扦插繁殖也是应该可行的。本种花型奇特、甚是少见，可作为观赏植物在园林中应用，亦可用于做科普材料之用。

识别要点

　　叶片圆，大，无花瓣，苞片白色，显著，花丝白色，花药黄色。

嫩叶　末花期　当年生枝条　花　花芽　花芽

末花期

幼果期

花期

主干

花

红花荷属

Rhodoleia Champion ex Hooker, Bot. Mag. 76: t. 4509. 1850.

常绿乔木或灌木。叶互生，革质，卵形至披针形，全缘，具羽状脉，基部常有不强烈的三出脉，下面有粉白蜡被，具叶柄，无托叶。花序头状，腋生，有花5~8朵，多少排在一个平面上，托以卵圆形而覆瓦状排列的总苞片，具花序柄。花两性，萼筒极短，包围着子房的基部，萼齿不明显；花瓣2~5片，排列不整齐，常着生于头状花序的外侧，匙形至倒披针形，基部收窄成柄，红色，生于头状花序内侧的花瓣已移位或消失，整个花序形如单花；雄蕊4~10枚，约与花瓣等长或稍短，花丝线形，花药2室，纵裂；子房半下位，2室，或为不完全2室；花柱2，线形，约与雄蕊等长，先端尖，脱落或宿存；胚珠每室12~18个，2列着生于中轴胎座。蒴果上半部室间及室背裂开为4片，果皮较薄。种子扁平。花期3~5月。

9种。我国南部有6种，其中2种同时见于中南半岛；其他3种分布于马来西亚及苏门答腊。

红花荷属分种检索表

41

红花荷

别名: 红苞木、吊钟王、萝多木、小花红苞木

Rhodoleia championii Hooker, Bot. Mag. 76: t. 4509. 1850.

整株

花序

自然分布

产广东、贵州、海南等地;印度尼西亚、马来西亚、缅甸、越南也有分布。分布于海拔约1000m的森林中。

迁地栽培形态特征

小乔木,栽培植株高4~7m。

茎 幼枝粗壮,圆柱形,无毛,稍粗糙,叶痕明显,常具皮孔状突起。

叶 互生,常聚生于枝顶,叶革质,卵形至卵状椭圆形,长5.5~11cm,宽2.8~5.5cm,顶端渐尖至短尖,全缘,基部阔楔形;侧脉每边7~9条,在两面均不突出,网脉不明显;叶面绿色至深绿色,叶背灰白色;叶柄长3~5cm。

花 头状花序顶生或近枝顶腋生,长3~4cm,常弯垂;花序梗长1~2.5cm,花后延伸至3~4cm,

弯曲，具鳞片状小苞片5～6枚；总苞片阔卵形至卵圆形，不等大，外面被褐色短茸毛；萼筒短；花瓣匙形，长2.5～2.8cm，宽6～8mm，红色；雄蕊长2.4～2.6cm，与花瓣等长或近等长，花丝染红色，花药线形，黑色至紫黑色；子房绿色，无毛，花柱线形，稍短于雄蕊。

果 果序头状，径2.5～3cm；具蒴果5个，蒴果卵圆形，长1～1.2cm；近顶端2纵裂，无宿存花柱，果皮薄木质，成熟时4片裂。种子扁平，黄褐色。

本种分布广泛。依据IUCN濒危物种红色名录标准和等级，对该种植物进行评估，列为无危（LC）物种。

引种信息

华南植物园　登录号20065086，2006年引种，引自广东广州市。

昆明植物园　1980年引种，引自云南西畴县。

物候和生长情况

华南植物园　1月中、下旬现蕾期，2月上旬初花期，2月下旬至3月下旬盛花期，4月上旬末花期；4～9月下旬果期；萌芽期4月上旬至中旬，展叶期4月下旬至5月中旬。

昆明植物园　2月末现花蕾，3月中旬始花，4月初盛花；3月中旬叶芽萌动，4月中旬展叶。

适合栽培区域

南亚热带及西南高山湿润地区可栽培。

迁地栽培要点

本种属于中性树种，幼树较耐阴，成年树略喜光，喜酸性或微酸性红壤，喜湿润，亦较耐干旱，能耐–5℃低温。人工栽培可选择土层深厚肥沃的坡地栽培。可采用种子育苗，随采随播为主，种子发芽率较低。生产上常用扦插繁殖的方式来育苗，多用黄心土作为基质，剪取半木质化枝条作为接穗，插穗一般长12～15cm，可用清水浸2小时，再用1g/L多菌灵或者甲基托布禁液浸3～5分钟，再取出进行扦插；扦插床需要适当遮阴，保持水分的供应。

主要用途

红花荷被广泛种植，用作观赏树种。它的花形像吊钟，而且体积颇大，所以在园林中又有"吊钟王"之称。本种株形整齐，在广东表现为四季常绿，花大、色泽艳丽，化型奇特，观赏性强，为林缘优良绿化树种和优良庭院观赏树种。

识别要点

叶片卵形，花序柄长2～3cm，有鳞状苞片数个，花瓣宽6～8mm，花大鲜艳。

幼果期

幼果期

189

二年生枝条

嫩枝

老枝

花序梗

花末期

花期

花序

花芽膨大期

末花期

嫩叶

叶背

叶面

果壳

成熟果实

42
小花红花荷

Rhodoleia parvipetala Tong, Bull. Dept. Biol. Sunyatsen Univ. 2: 35. 1930.

树形

树皮

树干

自然分布

分布于云南东南部、贵州东南部及广西西部；亦见于越南北部。

迁地栽培形态特征

常绿乔木，栽培植株高15m。

茎 树皮灰褐色，小枝绿色，无毛，二年生枝可见明显皮孔，小枝干后黑褐色。

叶 叶革质，长圆形，长5~10cm，宽2~4cm，先端尖锐，基部楔形；三出脉不明显；侧脉7~9对，在上面稍明显，在下面隐约可见，网状小脉在上下两面均不明显；叶面深绿色，发亮，叶背灰白色，无毛；叶柄长2~4.5cm，稍纤细，无毛。

花 头状花序长2~2.5cm，花序柄长1~2cm，无鳞状小苞片；总苞片5~7片，卵圆形，大小不等，长7~10mm，外面被暗褐色短柔毛；萼筒极短，先端平截；花瓣匙形，长1.5~1.8cm，宽5~6mm；雄蕊6~8个，约与花瓣等长；子房无毛，基部围以短萼筒，花柱与雄蕊等长，顶端尖细。

果 头状果序宽2~2.5cm，有蒴果5个，果序柄长1~2.5cm；蒴果卵圆形，长约1cm，果皮薄，木质，先端裂成4片。

本种分布广泛，东亚特有植物。依据IUCN濒危物种红色名录标准和等级，对该种植物进行评估，列为无危（LC）物种。

引种信息

昆明植物园 1965引种，引自云南文山壮族苗族自治州。

物候和生长情况

昆明植物园 2月现花蕾，3月初始花，3月中旬盛花；3月中旬叶芽萌动，4月中旬展叶盛期；10~11月果熟期。

适合栽培区域

南亚热带、热带湿润区及亚高山湿润地区可露地栽培。

迁地栽培要点

喜南亚热带高山湿润气候，引种至昆明生长较好，已开花结果。本种较耐寒，在昆明能够安全越冬。喜深厚肥沃、排水良好的酸性土壤，不耐干旱，喜湿。不耐瘠薄。多采用种子繁殖，亦可扦插繁殖，方法同红花荷。

当年生枝条

二年生枝条

主要用途

可做南亚热带以南地区中山造林树种。叶片深绿，花色红艳，可做园林绿化树种，宜植于庭院、道路绿岛和其他绿地。

识别要点

叶革质，长圆形，三出脉不明显，花瓣匙形，长 1.5~1.8cm，宽 5~6mm，花序梗无鳞状苞片，花序总苞有暗褐色短柔毛。

叶背　　叶面　　叶序

盛花期　　花序苞片　　叶序

果实

花序及顶芽　　幼果

半枫荷属

Semiliquidambar H. T. Chang, Acta Sci. Nat. Univ. Sunyatsen. 1962 (1): 34. 1962.

常绿或半落叶乔木。叶革质，具柄，互生，叶片异型，通常卵形或椭圆形，有离基三出脉，或为叉状3裂，有时单侧叉状分裂，具掌状脉，先端尖锐，基部楔形或钝，边缘有锯齿，齿尖有腺状突；托叶线形，早落。花单性，雌雄同株，聚成头状花序或短穗状花序。雄性短穗状花序常多个排成总状，生于枝顶，每1花序有苞片3～4片，萼片与花瓣均不存在，雄蕊多数，花药倒四角锥形，2室，花丝极短。雌性头状花序单生于枝顶叶腋，有苞片2～3片，有长花序柄；雌花多数，萼筒与子房合生，萼齿短小，线形，宿存，有时不存在；缺花瓣；不具退化雄蕊；子房半下位，2室，先端2裂，花柱2，偏斜，常卷曲，柱头有多数小乳头状突起；胚珠多数，生于中轴胎座上。头状果序半球形，基底平截，有多数蒴果，有宿存萼齿及花柱；蒴果木质，上半部游离，沿隔膜裂开为2片，每片2浅裂；种子多数，有棱。本属具有枫香树属Liquidambar及蕈树属Altingia的混合特征。蒴果具萼齿，且有宿存花柱，似枫香树属的特征；叶片有时三叉状裂，亦近似枫香树属；但叶的基部楔形，两侧裂片向上举，有时不分裂，头状果序半球形，基部平截，使它有别于枫香树属。另一方面，半球形的果序及不分裂的叶片近似蕈树属，但本属的蒴果有宿存的萼齿及花柱，叶有离基三出脉，又和蕈树属有所区别。

本属已知的有3种及3个变种，分布于我国东南部及南部，从浙江南部经福建、江西南部，到达广东及广西，形成了一个连续的分布区。

新研究已经证实*Semiliquidamba*是*Altingia*和*Liquidamba*的自然杂交后代。在APG Ⅳ中，本属作为异名并入枫香树属，置于新成立的蕈树科。本文沿用恩格勒分类系统，置于金缕梅科中，与枫香树属分开描述。

本属种类可供药用，根有祛风除湿、活血通络的功效。

半枫荷属分种检索表

43

半枫荷

别名: 半边枫、半荷枫、金缕半枫荷、木荷树、小叶半枫荷

Semiliquidambar cathayensis H. T. Chang, Acta Sci. Nat. Univ. Sunyatsen, 1: 37, 1962.

整株

自然分布

产于广东、广西、福建、海南、贵州、江西。生于海拔1000m的森林中。

迁地栽培形态特征

乔木，栽培植株高7~8m。

（茎）树皮灰褐色，具龟裂纹或纵裂；小枝灰色至灰褐色，无毛，具皮孔状突起，托叶环痕明显；芽狭卵形至卵形。

（叶）互生，叶薄革质，异型，不裂叶卵形至卵状椭圆形，长6~13cm，宽2.8~6cm，顶端渐尖，基部楔形；侧脉每边4~6条，其中最下面两条侧脉和中脉呈基出3脉状或近基出3脉；裂叶阔卵形至斜卵形，长4.5~11cm，宽3.5~10cm，顶端短渐尖，具2~3枚裂片，裂片三角状卵形，基部心形至截平，具明显基出3脉，叶面具侧脉每边4~5条，边缘均具腺锯齿，叶脉在叶面明显，在叶背突起，网脉明显；叶柄长1.4~3.5cm，无毛。

花 雄花序短穗状，常数个排成总状，长5~6cm；花序梗被褐色至黄褐色星状柔毛，苞片披针形，外面被同样星状毛，花被缺，雄蕊多数，花丝极短。雌花头状，单生枝顶，萼齿针状，被短柔毛，花柱长6~7mm，2裂，近顶端卷曲。

果 果序头状，径2.3~2.6cm；有蒴果13~26个；萼齿和花柱宿存。

本种分布广泛，中国特有植物。依据IUCN濒危物种红色名录标准和等级，对该种植物进行评估，列为易危（VU）物种。

引种信息

华南植物园 登录号无，引种时间不详，引种地不详。

物候和生长情况

华南植物园 3月中、上旬展叶期，现蕾期；3月下旬初花期，4月盛花期，5月下旬末花期；5~7月果期。正常开花结果，生长良好。

适合栽培区域

南亚热带地区可普遍栽培。

迁地栽培要点

本种喜肥沃、湿润、排水性好的酸性壤土，幼苗期稍耐阴，成年树喜光，栽培时需考虑后期提供充足光照。种子繁殖为主，扦插繁殖亦可。

主要用途

本种的根可药用，治风湿跌打、瘀积肿痛、产后风瘫等；亦可作为造林树种和园林观赏植物进行应用。

识别要点

叶厚革质，叶片多数大于10cm，叶柄长3~4cm修改为：叶薄革质，叶片多数长于10cm，甚少短于10cm；叶柄短于3.5cm。

树皮

二年生枝条

多年生枝条

一年生枝条

叶柄

嫩叶

初花期

叶背

叶形

叶序

叶芽

叶面

展叶期

树形

雄花序

落叶期

44
长尾半枫荷

别名： 尖叶半枫荷

Semiliquidambar caudata H. T. Chang, Acta Sci. Nat. Univ. Sunyatsen.1: 37. 1962.

多年生枝条

自然分布

产于福建和浙江南部。生于海拔600~1000m的林中。

迁地栽培形态特征

常绿乔木，栽培树高20m。

茎 树皮灰白色，不裂，具皮孔，小枝灰褐色，被短柔毛，老时秃净；芽卵形，鳞片数枚，带褐色，有光泽。

叶 叶薄革质，常集生枝顶，卵形至长圆状卵形，长4.5~8cm，宽2~3.5cm，顶端尾状渐尖，基部圆形或阔楔形，稀微心形，叶缘具疏锯齿；侧脉约8对；叶面暗绿色，叶背淡绿色，两面无毛；叶柄细长，长1.8~4.8cm。

花 雌雄同株；雄花序短穗状，生于枝顶，总状排列；雄花无萼齿和花瓣，雄蕊多数，花药

2室，花丝短；雌花序头状，单生枝顶叶腋，具18～24朵雌花，与新叶同时开放；总花梗细长，长3～4cm；雌花无花瓣，无退化雄蕊，萼筒与子房合生，萼齿线形，长1～2mm，子房半下位，柱头2，长3～4mm，常卷曲。

果 头状果序半球形，宽1.8～2.8cm；果序柄长4～4.5cm，被柔毛；花柱宿存。种子细小，褐色，有棱，长约2mm。

本种分布广泛，中国特有植物。依据IUCN濒危物种红色名录标准和等级，对该种植物进行评估，列为易危（VU）物种。

引种信息

杭州植物园 引种号75C11005P95-1488，1975年1月引种，引自浙江丽水市景宁畲族自治县，引种材料为幼苗。

物候和生长情况

杭州植物园 2月下旬至3月中旬叶芽萌动期，3月下旬展叶期；4月上旬至中旬开花期；9～10月果实成熟。生长速度中等，不耐寒，短期-10℃会造成枝叶冻害。

适合栽培区域

中亚热带南部以南地区可以露地栽培。

迁地栽培要点

喜温暖湿润环境，喜光，稍耐阴，土壤以疏松透气、排水良好的肥沃土壤为佳。适于我国亚热带以南地区栽培。播种繁殖为主。

主要用途

树体高大，四季常绿，枝叶浓密，叶色深绿，可作为观赏树种用于园林绿化，亦可作为造林树种进行应用。

识别要点

叶片全缘，叶片多数小于10cm，叶片先端长尾状，叶柄长度3～4cm，蒴果扁球形。

叶面

叶背

展叶初期

雄花序

叶芽

果序

果序梗

树皮

主干

生长环境

整株

45

细柄半枫荷

Semiliquidambar chingii (Metcalfe) H. T. Chang, Acta Sci. Nat. Univ. Sunyatsen, 1: 37, 1962.

自然分布

产于福建、广东、贵州东南部和江南南部。生于海拔约1000m的林中。

迁地栽培形态特征

常绿乔木，栽培树高20m。

🌿 树皮深灰色，块状开裂，具皮孔；小枝灰褐色，被柔毛，皮孔明显，老时暗褐色，无毛；芽长卵形，鳞片数枚，带褐色，有光泽。

🍃 叶薄革质，常集生枝顶，卵形至长卵形，有时2裂，长6~12cm，宽3.1~5.5cm，顶端尾状渐尖，基部常微心形，叶缘有锯齿；基出三出脉，叶面微凸，叶背明显隆起；叶面暗绿色，叶背淡绿色，两面无毛；叶柄细长，在两端稍膨大，长2.8~5cm。

🌸 未观察到。

🔴 头状果序近球形，径约2.5cm；果序柄长约5.5cm，具皮孔；蒴果约10个，花柱宿存。

本种分布广泛，中国特有植物。依据IUCN濒危物种红色名录标准和等级，对该种植物进行评估，列为易危（VU）物种。

引种信息

杭州植物园　引种号77C11005U95-1487，1977年引种，引自浙江温州市泰顺县，引种材料为幼苗。

物候和生长情况

杭州植物园　2月下旬芽萌动，3月上旬开始展叶，3月中下旬发叶盛期；11~12月果实成熟。生长良好。

适合栽培区域

中亚热带以南地区可以露地栽培。

迁地栽培要点

喜温暖湿润环境，土壤以疏松透气、排水良好的肥沃土壤为佳。适于我国亚热带以南地区栽培。

主要用途

树体高大，枝叶茂密，叶形奇特，叶色浓绿，可用于绿化和造林之用，树皮和叶片提取物可用于医疗之用。

识别要点

叶片全缘或2裂，比长尾半枫荷叶片小，先端渐尖，叶柄长度1.5~3cm，蒴果近球形。

嫩叶　叶柄　叶背

异型叶　果壳　果序

果序梗

生境

整株　树皮

山白树属

Sinowilsonia Hemsl., Hook. f. Ic. Pl. 29: t. 2817, 1906.

落叶灌木或小乔木。嫩枝及叶背均有星状茸毛，芽体裸露。叶互生，有柄，倒卵形或椭圆形，羽状脉，第1对侧脉有第二次分支侧脉，托叶线形，早落。花单性、雌雄同株，稀两性花，排成总状或穗状花序，有苞片及小苞片。雄花有短柄，萼筒壶形，有星状绒毛，萼齿5个，窄匙形；花瓣不存在；雄蕊5个，与萼齿对生，花丝极短，花药椭圆形，纵裂；无退化子房。雌花序穗状，花无柄，萼筒壶形，萼齿5个，窄匙形，无花瓣；退化雄蕊5个，有发育不全的花药；子房近于上位，2室，每室有1个垂生胚珠，花柱2，稍伸长，突出萼筒外。蒴果木质，卵圆形，有星状绒毛，下半部被宿存萼筒所包裹，2片裂开，内果皮骨质，与外果皮分离。种子1个，长椭圆形，种皮角质，胚乳肉质。

1种，分布于中国中部及西北部。

46

山白树

别名： 秃山白树

Sinowilsonia henryi Hemsley, Hookers Icon. Pl. 29: t. 2817. 1906.

嫩枝

整株

花序

自然分布

分布于湖北、四川、河南、陕西及甘肃等地。

迁地栽培形态特征

落叶灌木或小乔木，栽培植株高5～8m。

🌿 **茎** 树皮棕黄色或灰褐色，嫩枝被灰黄色星状茸毛；老枝秃净，有皮孔；芽体无鳞状苞片，浅黄色，有星状茸毛。

🍃 **叶** 叶纸质或膜质，长倒卵形，稀为椭圆形，长10～20cm，宽5～10cm，顶端急尖，基部圆形、微心形或楔形，不等侧；侧脉7～9对，第1对侧脉有细分支侧脉，在叶面明显，在叶背突起，网脉明显；叶面绿色，无光泽，嫩叶疏被毛，老叶脉上毛留存，其余毛脱落，叶背被柔毛；边缘密生小齿突，叶柄长6~14mm，有星毛；托叶线形或披针形，早落。

🌸 雄花总状花序，顶生，长7~16cm，萼筒极短；花梗长1~2mm，雄蕊近无柄，花丝极短，与萼齿基部合生；雌花穗状花序长3~6cm，基部有1~2片小叶片，花序柄长2~3.5cm，与花序轴均有星状茸毛；萼筒壶形，长约3mm，萼齿长1.5mm，均有星毛。子房上位，有星毛，藏于萼筒内，花柱长3~6mm，突出萼筒外。

🍎 果序长7~20cm，花序轴稍增厚，有不规则棱状突起，被星状茸毛；蒴果无柄，卵圆形，长1cm，先端尖，有柱头残留，被灰黄色长丝毛。种子长8mm，黑色，有光泽。

本种分布广泛，中国特有植物。依据IUCN濒危物种红色名录标准和等级，对该种植物进行评估，列为易危（VU）物种。

引种信息

南京中山植物园 登记号87E7016-08，1987年7月18日引种，引种地不详。登记号87E8030-38，1987年7月13日，引种地不详。生长良好，已开花结果，树下有较多二代实生苗。

武汉植物园 引种信息不详。

峨眉山生物站 登录号10-0715-HB，引自湖北恩施土家族苗族自治州，引种材料为幼苗。生长速度中等，长势良好。

物候和生长情况

南京中山植物园 3月底芽开始萌动，4月8日左右开始展叶；开花时间一般5月中旬至6月上旬。第1次抽梢期在4月8日开始，到5月下旬结束；9月中旬至10月上旬果实成熟；11月上旬开始叶色变黄，并开始落叶；11月下旬，叶片落光，进入休眠期。生长良好。

武汉植物园 3月中旬展叶始期，3月下旬展叶盛期，3月下旬展叶末期；9月下旬至10月上旬果熟期。生长良好。

峨眉山生物站 3月上旬叶芽开始萌动，3月中旬开始展叶，9月下旬开始落叶；9月初花芽萌动，3月中旬盛花期，3月下旬花末期；9~10月果熟期；10月底落叶期。生长良好。

适合栽培区域

温带区系成分，为我国自然分布最北的金缕梅科植物，北京以南地区可以露地栽培，热带地区不宜引种。

迁地栽培要点

喜湿润环境，耐寒、耐旱，喜光。栽培土质以疏松透气、土层深厚肥沃、排水良好土壤为佳。幼苗期稍耐阴，成年树喜光。2~3年生袋苗可定植，春季2月定植，成活率达90%以上。幼苗在旱季，可适当浇水。繁殖以播种为主，种子萌发率较高，可达80%以上。蒴果成熟时应及时采回放置阴凉通风处，在盖好盖子的容器内阴干。采种后，直接播种即可。

主要用途

山白树树干通直，树皮略光滑，叶片大，基部略歪斜分枝较少，树冠开张。春季花序如一条条短小的绿飘带随风飘动，到了秋季，长达10cm的果序悬垂在树枝上，非常奇特美丽，有很好的观赏价值。

识别要点

果序长8~20cm，垂直悬挂，叶片大，落叶树种，树冠开展，喜生于水边或近水边。

嫩叶

一年生枝条

果序

果序

叶背

二年生枝条

雌花序

幼果期

花序轴

雄花序

果期

幼果期

水丝梨属

Sycopsis Oliver, Trans. Linn. Soc. London 23: 83. 1860.

常绿灌木或小乔木。小枝无毛，或有鳞垢及星状毛。叶革质，互生，具柄，全缘或有小锯齿，羽状脉或兼具三出脉；托叶细小，早落。花杂性，通常雄花和两性花同株，排成穗状或总状花序，有时雄花排成短穗状或假头状花序；总苞片卵圆形，或窄卵形，3~4片，被毛，苞片及小苞片披针形，两性花或雌花的萼筒壶形，有鳞垢或星毛，萼齿1~5个，细小，不整齐；花瓣不存在；雄蕊4~10个，或部分发育不全，或畸形变异为不规则多体雄蕊，周位着生于萼筒边缘；子房上位，与萼筒分离，2室，每室有1个垂生胚珠，花柱2，分离，先端尖。雄花的萼筒极短，萼齿不规则，无花瓣雄蕊7~11个，插生于萼筒边缘，花丝等长或不等长，花药2室，红色，直裂，药隔突出，退化子房存在或缺。蒴果木质，有茸毛，2片裂开，每片2浅裂，宿存萼筒比蒴果短，二者分离，有鳞垢，不规则裂开。种子长卵形，种皮角质，胚乳厚，胚直立。

9种。中国有7种，分布于华南及西南各省区；吕宋水丝梨（*S. philippinensis*）分布于菲律宾及马来西亚，有可能到达福建；此外，印度亦有1种。

花的形态具有较大的变化，同时还有畸变现象。就花的性别而论，雄花往往有不同程度的退化子房；两性花有为完全能育的，同时也出现雄蕊的畸变现象，常1~3个雄蕊成束，成为2体或3体雄蕊，分别插生于子房基部、近顶部或中部。其次，花的排列也不完全一样，雄花常排成短穗状或假头状花序，且不具花梗。

在 *Flora of China* 中，采用了 *Endmss* 的分类处理方式，把水丝梨属拆分成水丝梨属和假蚊母属从实际形态特征观察中，这个处理是合理的。在本书中，为种类在分类上接近国内使用习惯，采用中国植物志的分类处理，仍然放在同一属内进行描述。不影响本书在迁地保育中的主旨方向。

水丝梨属分种检索表

1a. 花无柄，在花序轴上排列紧密，近头状，雄蕊正常，花丝长1~1.2cm
  2a. 叶无三出脉 ·· 49. 水丝梨 *S. sinensis*
  2b. 叶有三出脉 ·· 50. 三脉水丝梨 *S. triplinervia*
1b. 花有柄无柄同时存在，排列稀疏，雄蕊常出现畸变，花丝短于1cm
  3a. 叶具三出脉，宿存萼筒与蒴果近等长，或略短于蒴果 ········ 48. 樟叶水丝梨 *S. laurifolia*
  3b. 叶无三出脉，宿存萼筒明显短于蒴果
    4a. 叶片先端圆钝 ······································ 51. 钝叶水丝梨 *S. tutcheri*
    4b. 叶片先端渐尖或锐尖
      5a. 叶片长6~9cm、宽2.5~4.5cm ················ 47. 尖叶水丝梨 *S. dunnii*
      5b. 叶片长9~13cm、宽3.5~5.5cm ·········· 52. 滇水丝梨 *S. yunnanensis*

47

尖叶水丝梨

Sycopsis dunnii Hemsley, Hookers Icon. Pl. 29: t. 2836. 1907.

自然分布

分布于福建、江西、广东、广西、湖南、贵州及云南等地。常见于800~1500m的山地常绿林。

迁地栽培形态特征

常绿灌木，栽培植株高0.8m。

🌿 嫩枝有鳞垢；老枝秃净，有皮孔；顶芽裸露，被鳞垢。

🍃 叶革质，卵状长圆形，偶为长圆状，长4~7cm，宽2~4.5cm，顶端锐尖或渐尖，基部楔形或略钝；侧脉6~7对，网脉在叶面不明显，在背面可见，边缘无锯齿；叶面深绿色，有光泽，叶背初时有鳞垢，后变秃净；叶柄长0.6~1.4cm，有鳞垢，托叶早落。

🌸 雄花与两性花排成总状或穗状花序，苞片长圆形，有鳞垢；雄花常位于花序的下半部，无柄，萼筒极短，萼齿尖锐，有鳞垢，雄蕊4~10个，花丝长2~5mm，花药长2mm，不具退化子房；两性花常在总状花序上部，有短柄；萼筒壶形，长3mm，有鳞垢、萼齿5~6个，卵形，长1~1.5mm；雄蕊4~8个；子房有丝毛，花柱长约5mm，2裂，无毛，向外卷曲。

🍐 蒴果卵圆形，长1~1.3cm；初被灰色鳞毛和柔毛，成熟果实被灰褐色长丝毛；宿存花柱短，先端渐尖；宿存萼筒长约4mm，与蒴果分离，有鳞垢，不规则裂开。

本种分布范围广，中国特有植物。依据IUCN濒危物种红色名录标准和等级，对该种植物进行评估，列为无危（LC）物种。

引种信息

华南植物园 登录号20112720，2011年引种，引自福建德化县九仙山，引种材料为幼苗。

物候和生长情况

华南植物园 3月上旬始花期，3月中、下旬盛花期，4月上旬花末期；4月中下旬至5月下旬果期；3月中旬萌芽期，3月下旬至4月中旬展叶期；9~10月果熟期。生长良好，能正常开花结果。

适合栽培区域

南亚热带地区可露地栽培，其余地区可试种。

迁地栽培要点

喜酸性土壤，不耐寒，喜半阴湿润环境。可播种和扦插繁殖。苗期对水分的要求较高，需要及时补充水分，要求略高的温度，0℃以下可能会有冻害。

主要用途

用于各类园林绿地，作为配植常绿树种来进行应用。亦可用于复合森林群落的造林，增加中下层植物的多样性。

识别要点

    叶片全缘、基部楔形、顶端渐尖或锐尖，叶片卵状矩圆形，两端近对称。

一年生枝条　　　　　二、三年生枝条　　　　　二年生枝条

叶柄　　　　　叶序　　　　　叶背

叶面　　　　　雌蕊　　　　　末花期

雄蕊　　　　　雌蕊　　　　　幼果期

48
樟叶水丝梨

Sycopsis laurifolia Hemsley, Hookers Icon. Pl. 29: t. 2836. 1907.

整株

一年生枝条

树干

自然分布

分布于云南东南部的蒙自、屏边、西畴、麻栗坡到贵州的兴仁和安龙一带。

迁地栽培形态特征

常绿灌木或小乔木，栽培植株高2.5～3m。

🌿 嫩枝被鳞垢和黄褐色星状茸毛；老枝秃净无毛，有皮孔，干后灰褐色；顶芽裸露，有鳞垢及星状茸毛。

叶 叶革质，卵形或长卵形，长5～10cm，宽2～4.5cm，顶端尖锐或渐尖，基部楔形或钝，有时近于圆形，有三出脉；全缘或靠近顶端有少数齿突；侧脉5～6条，在叶面显著，在叶背突起，网脉在叶背稍明显；叶面干后黄绿色、发亮，叶背有灰白色蜡被及灰黄色星状茸毛；叶柄长8～10mm，有鳞垢；托叶早落。

花 穗状花序腋生，长1～2cm；雄花单独排成短穗状花序，或与两性花同在一个花序上，雄花位于花序上部，无柄；两性花位于花序下部，有柄；雄花的萼筒极短，萼齿1～3个，披针形，雄蕊7～9个，花丝极短，花药椭圆形，长1mm。两性花的萼筒壶形，长1.5mm，有星状茸毛，萼齿披针形；雄蕊2～6个，花丝长约2mm，着生于萼筒边；子房有星状柔毛，花柱长4～5mm，2裂，顶端外卷。

果 蒴果卵圆形，长1～1.2cm；有长丝毛，宿存萼筒比蒴果略短或等长，成熟果实不规则裂开，外侧有鳞垢及星状柔毛。

本种分布广泛，东亚特有植物。依据IUCN濒危物种红色名录标准和等级，对该种植物进行评估，列为无危（LC）物种。

引种信息

昆明植物园 1976年引种，引自云南昭通市。

物候和生长情况

昆明植物园 2月中、下旬花蕾膨大期，3月上旬初花期、芽萌动期；3月中旬盛花期、展叶初期；3月下旬花末期、展叶期；4月初展叶盛期；9～10月果熟期。生长良好。

适合栽培区域

中亚热带以南地区均可露地栽培，长江流域部分地区可试种。

迁地栽培要点

本种喜光略耐阴，成年树需要充足的光照，可以栽培在水边、路旁等比较开阔的地段，可以保证充足的光照；对土壤要求不严。繁殖主要采用播种方式，种子湿沙层积储藏或者干藏均可，春季播种。

主要用途

本种生长势强，枝叶茂密，适合生长在潮湿的水边，叶片亮绿，红花绿叶相衬，秀美清丽。可做园林绿化树种应用，用于水边、潮湿路旁等处。

识别要点

叶具三出脉，下面有灰白色蜡被及星状毛，宿存萼筒与蒴果近等长或略短于蒴果。

雌蕊

雌蕊

盛花期

芽

花序

末花期

果实

当年生嫩枝

叶背

叶柄

叶面

幼果期

果壳

果序柄

果序

49

水丝梨

别名： 肝心柴、华水丝梨、水丝枥、中华水丝梨、台湾水丝梨

Sycopsis sinensis Oliver, Hook. f. Ic. Pl. 20: t. 1931. 1890.

自然分布

分布于陕西、四川、云南、贵州、湖北、安徽、浙江、江西、福建、台湾、湖南、广东、广西等地。生于山地常绿林及灌丛。

迁地栽培形态特征

常绿乔木或小乔木，栽培植株高5~6m。

🌿 嫩枝绿色，被鳞垢；老枝暗褐色，秃净无毛；顶芽裸露，被鳞垢。

🍃 叶革质，长卵形或椭圆形，长5~10cm，宽2~4.5cm，顶端渐尖，基部楔形或阔楔形；全缘，偶在中部以上有几个小锯齿；侧脉6~7对，在叶面干后轻微下陷，在叶背不显著；叶面深绿色，发

亮，表面有稀疏星状柔毛，叶背密被星状柔毛，兼有鳞垢，老叶秃净无毛；叶柄长5～15mm，被鳞垢。

🌸 **花** 雄花穗状花序密集，短缩为近头状，长1.5cm，有花4～10朵，花序柄长2～4mm，总苞褐色，卵圆形或长卵圆形，长5～8mm，具褐色星毛；萼筒短，萼齿细小；雄蕊（8）10～11（13）个，花丝长1～1.2cm，纤细，被少量鳞毛；花药长2～3mm，红色或黄色，红色花药先端具黄色尖头；雌花或两性花5～14朵排成短穗状花序，排列紧密，花序柄长2～4mm；萼筒壶形，长2mm，有丝毛；子房上位，花柱长3～5mm，黄绿色，顶端分叉卷曲，被毛。

🌰 **果** 蒴果长8～10mm，表面有长丝毛，宿存萼筒长4mm，被鳞垢，不规则开裂，宿存花柱长2～3mm。成熟种子褐色，长约6mm。

引种信息

南京中山植物园 引种号83I436，1983年引种，引种地不详。

杭州植物园 登记号77C11005U95-1489，1977年引种，引自浙江丽水市龙泉市。

武汉植物园 引种号051738，2005年引种，引自贵州石阡县甘溪乡。

上海辰山植物园 个体号20081961-1，2008年引种，引自湖北巴东县大支坪镇十二岭村黑天坑。

峨眉山生物站 登录号06-0179-EM，引自四川峨眉山。登录号为13-1378-HB，引自湖北恩施土家族苗族自治州，引种材料为幼苗。

物候和生长情况

南京中山植物园 3月上旬花芽膨大期，3月中旬叶芽膨大期、开花初期；3月下旬盛花期、萌芽初期；3月底末花期；4月初展叶期，4月中旬展叶盛期；9月下旬至10月中旬果实成熟期。生长良好，可开花结果，寒冷年份，略有冻害。

上海辰山植物园 2月下旬花芽萌动，3月上旬盛花期，3月下旬末花期；9月上旬果熟期。生长表现良好。

武汉植物园 2月下旬始花期，3月上旬盛花期，3月中旬末花期。生长良好。

峨眉山生物站 萌芽期3月。生长速度中等，长势一般，未开花结果。

杭州植物园 2月上旬叶芽膨大期，3月上旬叶芽膨大末期、现蕾末期，3月中旬萌芽始期、开花始期，3月下旬展叶始期、盛花期；4月上旬展叶盛期、末花期；9月上旬至10月上旬果熟期。生长良好。

适合栽培区域

长江流域以南可以露地栽培。

迁地栽培要点

喜温暖湿润环境，栽培土质以土层深厚肥沃、排水良好的酸性土壤为佳。幼苗期较耐阴，成年树渐喜光。3～5年生袋苗可定植，移栽一般在春季萌芽之前进行，宜带土球，成活率达90%以上。繁殖以播种为主。果实采收季储藏播种同蚊母树属。南京地区引种植株所采种子发芽率不高，仅有18%左右。

主要用途

本种树姿优雅，挺拔，枝叶茂密，花密集，红色花药悬垂，开花时节，绿树红花，非常惹人喜欢。在亚热带以南地区，可露地栽培观赏，为优良的庭院观赏树种。

识别要点

花无柄，在花序轴上排列紧密，近头状，雄蕊发育正常，花丝长1～1.2cm。

讨论

　　本种在上海植物园栽培单株，花药为纯黄色或金黄色，与其他植物园花药红色有较大差异。比较其他特征，差异不明显。另有杭州植物园一栽培单株，花药为黄色，顶端略带红色，介于上述两种色彩之间。它们生长情况均良好，均能得到能够发育的种子，是否这两种类型存在变种或者变型水平上的差异，亦或个体差异，有待继续观察。在栽培的蜡瓣花属红药蜡瓣花中，亦存在花药非红色的特征，这种现象有一定概率在水丝梨属和蜡瓣花属植物中出现，是否可以揭示这两个属控制花药颜色的基因并不稳定，还在继续分化当中。

嫩枝　　　　花芽

叶背　　　　叶面

一年生枝条　　　　果序

花序总苞

末花期

盛花期

果壳

果序

花解剖图

雌蕊

花序

初花期

50

三脉水丝梨

Sycopsis triplinervia H. T. Chang, Acta Sci. Nat. Univ. Sunyatsen. 1: 41. 1960.

树干

自然分布

分布于四川及云南东北部的彝良及大关。

迁地栽培形态特征

常绿灌木或小乔木，栽培植株高3～4m。

🌿 **茎** 嫩枝有星状茸毛；老枝稍有糠秕状鳞垢，干后黑褐色；顶芽裸露，被毛。

🍃 **叶** 叶革质，长圆形或倒卵矩圆形，长5～19cm，宽2～5.5cm，顶端尖，基部圆形或阔叶背楔形，三出脉离基1～3mm；全缘或偶有1～3个不明显的小齿突；侧脉2～3对，在叶面稍下陷，在叶背突起，网脉在上下两面均不明显，叶脉腋窝显著；叶面绿色，稍发亮，中肋及侧脉有星状柔毛，叶背橄榄绿色，有星状柔毛；叶柄长6～13mm，有星状柔毛。

🌸 **花** 未观察到。

🍐 **果** 未见。

本种分布广泛，东亚特有植物。依据IUCN濒危物种红色名录标准和等级，对该种植物进行评估，列为无危（LC）物种。

引种信息

　　昆明植物园　1976年引种，引自云南昭通市。

物候和生长情况

　　昆明植物园　3月上旬芽萌动，3月中旬展叶初期，3月下旬至4月上旬展叶盛期。

适合栽培区域

　　中亚热带以南地区均可露地栽培，长江流域部分地区可试种。

迁地栽培要点

　　本种幼树较耐阴，成年树渐喜光，在有侧方荫蔽的地方栽培生长较好；喜生于土层深厚肥沃的地块，在土壤较贫瘠处生长也较好。种子繁殖为主。

主要用途

　　本种生长势强，枝叶茂密，适合生长在潮湿的水边。可做园林绿化树种应用，用于水边、潮湿路旁等处。

识别要点

　　叶片具三出脉，侧脉2~3对，叶脉腋窝显著，叶片两面及小枝均被茸毛。

讨论

　　在昆明植物园尚有一单株，叶片形态似三脉水丝梨，但侧脉是3~5对，叶片小枝被毛略少，这两个特征和樟叶水丝梨相像，疑似二者之间的过渡种，或者杂交种。因未见果实，暂录于此，后续会继续观察，以确定其分类位置。

叶背

叶面

叶片

二年生枝条

叶序

生长环境

虫瘿

嫩枝

51

钝叶水丝梨

Sycopsis tutcheri Hemsley, Hooker, s Icon. Pl. 29: t. 2834. 1907.

初花期

盛花期

自然分布

分布于福建、广东、海南岛的山地常绿林。

迁地栽培形态特征

常绿灌木或小乔木，栽培植株高度1.5m。

茎 嫩枝有棱，被鳞垢；老枝圆筒形，秃净，干后暗褐色；顶芽裸露，有鳞垢。

叶 叶革质，椭圆形或有时为倒卵形，长3~6cm，宽2~4cm；顶端钝或略圆，基部阔楔形；边缘无锯齿；侧脉约5对，在叶面能见，在叶背突起，网脉在叶面不明显，在叶背显著，上面深绿色，初时有稀疏鳞垢，老叶秃净，干后稍发亮，下面初时有鳞垢，以后变秃净；叶柄长3~5mm，秃净；托叶细小，早落。

花 雄花总状花序长2~4cm，花序柄长0.5~1cm，花序轴长约3cm，均被稀疏褐色鳞片；苞片披针形，长4mm，被褐色鳞片；雄蕊6~14，花丝长3~8mm，被灰色鳞毛；花药红色。雄花和两性花序长2~3cm，雄花位于花序下部，雌花序位于花序上部；子房下位，被灰色鳞毛，雄蕊6~9，雌蕊2裂，直立，略弯曲。

果 果序长2~4cm，有蒴果2~5个；蒴果卵圆形，长1~1.3cm，先端尖，宿存花柱较短，外侧有灰黄色或黄白色长丝毛；宿存萼筒长3~5mm，外侧有鳞垢，果实成熟后不规则裂开，果梗长2~5mm。

本种分布区狭窄，中国特有植物。依据IUCN濒危物种红色名录标准和等级，对该种植物进行评估，列为近危（NT）物种。

引种信息

华南植物园 登录号20041437，引自江西井冈山植物园。生长良好。

物候和生长情况

华南植物园 2月下旬至3月上旬始花期，3月上、中旬盛花期，3月下旬至4月上旬花末期；3月上旬萌芽期，3月中旬至下旬展叶期；9～10月果期。

适合栽培区域

南亚热带可以栽培，中亚热带可以试种。

迁地栽培要点

本种喜湿热气候，不耐寒、不耐旱，长势中等。幼苗阶段需要荫蔽的生长环境，成年树渐喜光。可以用种子繁殖，也可以用嫩枝扦插的方式进行种苗扩繁。

主要用途

可用于南亚热带自然林恢复，用于第二层植被恢复材料。亦可用于园林中，作为林下耐阴小乔木来进行应用。

识别要点

花序排列较疏，花丝短，叶片先端钝圆，长3～6cm；叶形同蚊母树近似，有宿存萼筒。

52

滇水丝梨

Sycopsis yunnanensis H. T. Chang, Acta Sci. Nat. Univ. Sunyatsen. 1961 (4): 55. 1961.

整株　　叶面

自然分布

分布于云南。见于西双版纳的南糯山的常绿林中。

迁地栽培形态特征

常绿小乔木，高5～7m。

🌿 嫩枝有鳞垢，老枝秃净，有皮孔，干后灰褐色；顶芽裸露，有鳞垢。

🍃 叶革质，长圆形，长9～13cm，宽3.5～5.5cm，顶端锐尖或略钝，基部广楔形或近圆形；侧脉6～7对，在叶面下陷，在叶背突起，离边缘3～4mm处相结合；叶面绿色，干后暗晦无光泽，浅绿色，叶背无毛；中肋下陷，在叶背突起；叶柄长6～9mm，被鳞垢。

🌸 总状花序腋生，花序轴有鳞垢，雄花在花序下部，两性花在花序上部，雄蕊长8mm，花丝白色，花药红色；两性花中，花丝集生于萼筒顶端。

🍎 总状果序生在侧枝顶端，长约4cm；有蒴果1～4个，蒴果有短柄，卵圆形，长约1cm，宽8mm；先端略尖，无宿存花柱，外侧有灰褐色长丝毛，宿存萼筒长约6mm；有鳞垢，不规则裂开。

本种分布区狭窄，中国特有植物。依据IUCN濒危物种红色名录标准和等级，对该种植物进行评估，列为近危（NT）物种。

引种信息

　　昆明植物园　1950年引种，引自云南屏边苗族自治县。

物候和生长情况

　　昆明植物园　2月上旬现花蕾，2月末始花，3月上旬盛花；2月中旬叶芽萌动，3月初开始展叶，3月末展叶盛期；9～10月果期。

适合栽培区域

　　从这个属在各园的生长表现看，在亚热带以南地区均可种植。

迁地栽培要点

　　本种在昆明植物园生长较好，小乔木状，喜温凉湿润气候，略耐旱、略耐寒，喜土层深厚酸性土壤，不需要特殊管理即可生长。主要采用种子繁殖。

主要用途

　　树形挺拔端庄，叶片大而常绿，适合作为园林树种进行栽培利用。可在庭院和绿地中群植、对植和孤植。

识别要点

　　本种叶柄短，果实少，叶形同尖叶水丝梨极像，唯叶片长且宽。

讨论

　　《中国植物志》中描述，果序轴无毛，蒴果无柄；实际栽培植株中果序轴被毛，蒴果有短柄。

当年生枝条　　　果壳　　　宿存萼筒

果实　　　花芽　　　盛花期

叶柄　　　叶背　　　叶面

叶序　　　萌芽期　　　树干

宿存果壳　　　萌芽初期

识别要点

　　叶革质，深绿色，无毛，花瓣白色，花瓣5个，可与檵木相区别。

花

花瓣

花序

花芽

嫩叶

嫩枝

幼果期

总苞

树形

盛花期

叶片

参考文献
References

陈存及，陈伙法，2000. 阔叶树种栽培[M]. 北京：中国林业出版社.

陈新法，付国勇，2005. 细柄蕈树优质壮苗培育技[J]. 浙江林业科技，25(2)：394.

戴小英，田晓俊，江香梅，2009. 红花荷的组织培养与快速繁殖[J]. 植物生理学通讯，(7)：688.

邓懋彬，金岳杏，盛国英，等，1997. 银缕梅花芽生长和开花习性的观察[J]. 应用与环境生物学报，3(3)：226-229.

邓懋彬，魏宏图，王希蕖，1992. 银缕梅属——金缕梅科一新属[J]. 植物分类学报，30(1)：57-61.

方红，章晓航，2010. 小叶蚊母树和其他地被植物的园林性状比较分析[J]. 安徽农业科学，38(17)：8938-8941.

方炎明，樊汝汶，1993. 中国金缕梅科叶表皮毛的变异与演化[J]. 植物分类学报，31(2)：147-152.

傅志军，高淑贞，1994. 山白树的保护和栽培[J]. 国土与自然资源研究，(2)：60-62.

高浦新，李美琼，周赛霞，等，2013. 濒危植物长柄双花木 (*Disanthus cercidifolius* var. *longipes*) 的资源分布及濒危现状[J]. 植物科学学报，31(1)：34-41.

顾垒，张奠湘. 濒危植物四药门花的白花授粉[J]. 植物分类学报，2008，46(5)：651-657.

韩官运，侯昆仑，何亨哗，等，2005. 中华蚊母扦插试验初探[J]. 重庆林业科技，74(1)：27-28.

郝日明，黄致远，刘兴剑，等，2000. 中国珍稀濒危保护植物在江苏省的自然分布及其特点[J]. 生物多样性，8(2)：153-162.

郝日明，魏宏图，刘晓苟，1996. 银缕梅属花形态及其分类学意义[J]. 植物资源与环境，5(1)：38-42.

郝日明，魏宏图，1998. 金缕梅科一新组合[J]. 植物分类学报，36(1)：80.

何妙坤，黄久香，黄川腾，等，2013. 四药门花扦插繁殖技术研究[J]. 林业实用技术，11：50-53.

何伟强，班志明，班晓康，2010. 红花荷在广东的栽培技术[J]. 中国林副特产，(2)：77.

何中生，刘金福，洪伟，等，2012. 不同处理对格氏栲种子发芽的影响[J]. 北京林业大学学报，34(2)：66-70.

洪震，2005. 圆头蚊母树嫩枝扦插繁殖技术的试验[J]. 江苏林业科技，32(4)：30-31.

胡国伟，卢毅君，李贺鹏，等，2012. 珍稀濒危树种银缕梅种子萌发特性研究[J]. 浙江林业科技，32(6)：48-51.

黄斌，孙起梦，刘兴剑，2011. 珍稀树种山白树在南京的引种栽培[J]. 北方园艺(20)：90-91.

黄桂玲，1986. 中国产金缕梅科木材的比较解剖[J]. 中山大学学报(自然科学版)，(1)：151-1676.

黄正暾，顺峰，姜仪民，等，2009. 米老排的研究进展及开发利用前景[J]. 广西农业科学，40(9)：1220-1223.

冷青云，2011. 红花荷组织培养及不定根发生机理研究[D]. 北京：北京林业大学.

李冠明，2017. 不同处理红花荷扦插育苗的试验[J]. 农家科技(上旬刊)，(7)：95.

李浩敏，1998. 金缕梅科(广义)的叶结构及分类[J]. 植物分类学报，26(2)：96-110.

李进，胡喻华，刘凯昌，2004. 红花荷天然林群落结构特征的研究[J]. 生态环境，13(2)：225-226.

李振问，1997. 闽南丘陵区防火路改建米老排防火林带的研究[J]. 东北林业大学学报，25(3)：71-74.

刘德金，2003. 小叶蚊母树盆景制作与养护[J]. 花木盆景：盆景赏石，(6)：28-29.

刘华，2013. 四药门花扦插繁殖技术[J] 现代园艺，23(12)：3334.

刘济明，2000. 茂兰喀斯特森林中华蚊母树群落土壤种子库动态初探[J]. 植物生态学报，24(3)：366-374.

刘济明，2001. 贵州茂兰喀斯特森林中华蚊母树群落种子库及其萌发特征[J]. 生态学报，21(2)：197-203.

刘济祥，何伟民，2006. 米老排引种试验及繁育技术研究[J]. 江西林业科技，34(5)：17-19.

刘仁林，曾斌，宋墩福，等，2000. 井冈山天然大果马蹄荷种群的动态变化[J]. 植物资源与环境学报，9(1)：35-38.

刘兴剑，郝日明，1999. 小叶银缕梅[J]. 植物杂志，(5)：6.

刘兴剑，2000. 盆景新树种——小叶银缕梅[J]. 花木盆景(花卉园艺)，(4)：29.

刘兴剑，汤诗杰，姚涂，等，2008. 银缕梅开花过程与花形态观察[J]. 江苏农业科学，9(6)：165-166.

龙双畏，刘济祥，郑伟，2009. 优良园林绿化树种阿丁枫育苗技术研究[J]. 北方园艺(5)：199-201.

路安民，李建强，徐克学，1991. 金缕梅类科的系统发育分析[J]. 植物分类学报，29(6)：481-493.

罗靖德，甘小洪，贾晓娟，等，2010. 濒危植物水青树种子的生物学特性[J]. 云南植物研究，32(3)：204-210.

潘开玉，路安民，温洁，1990. 金缕梅科(广义)的叶表皮特征[J]. 植物分类学报，28(1)：10-26.

潘文，张方秋，张卫强，等，2012. 高温高湿胁迫对红花荷等植物生理生化指标的影响及评价[J]. 广东林业科技，28(3)：1-8.

潘文，张卫强，张方秋，等，2012. 红花荷等植物对SO_2和NO的抗性[J]. 生态环境学报，21(11)：1851-1858.

彭秀，李彬，2006. 淹水胁迫对中华蚊母根系活力的影响[J]. 重庆林业科技，75(2)：11，12.

彭秀，娄利华，2006. 淹水胁迫对中华蚊母膜脂过氧化作用的影响[J]. 重庆林业科技，75(1)：13，14.

彭秀，肖千文，罗韧，等，2006. 淹水胁迫对中华蚊母生理生化特性的影响[J]. 四川林业科技，27(2)：17，20.

裘珍飞，曾炳山，李湘阳，等，2013. 米老排的组织培养和快 繁殖[J]. 植物生理学报，49(10)：1077-1081.

孙佳，郭江帆，魏朔南，2012. 植物种子萌发抑制物研究概述[J]. 种子，31(4)：57-60.

覃敏，2016. 米老排优良种源/家系选择与遗传变异研究[D]. 北京：中国林业科学研究院.

覃荣料，韦理电，2011. 红花荷育苗造林技术[J]. 广西林业科学，40(1)：79-80.

王铖，朱红霞，张春英，2005. 冬花树木推荐冬花新秀——金缕梅[J]. 园林：44.

王伏雄，钱南芬，张玉龙，等，1995. 中国植物花粉形态[M]. 2版. 北京：科学出版社.

王满莲，2016. 温度对3种金缕梅科植物种子萌发特性的影响[J]. 种子，(10)：79-83.

王宪曾，1992. 金缕梅科系统发育的古孢粉学证据[J]. 植物分类学报，30(2)：137-145.

魏锦秋，丁文恩，罗万业，等，2015. 红花荷栽 技术及生态风景林应用[J]. 绿色科技，(1)：62-63.

吴国芳，冯志坚，马炜染，等，1992. 植物学：下册[M]. 2版. 北京：高等教育出版社.226-227.

吴际友，吴其军，程勇，等，2016. 红花荷扦插繁殖试验[J]. 农业科学与技术(英文版)，17(7)：1615-1617，1683.

吴文谱，1990. 中国的细柄蕈树林[J]. 武汉植物学研究，8(1)：59-63.

伍铭凯，杨汉远，吴智涛，2007. 雷公山姊妹岩大果马蹄荷群落初步研究[J]. 贵州林业科技，35(1)：1519.

谢志军，1993. 山白树的地理分布及其生态习性的研究[J]. 宝鸡师范学院学报(自然科学版)(1)：86-89.

许晓红，史亚萍，2006. 细柄蕈树全光照扦插繁育技术[J]. 江西林业科技，(4)：15-16.

颜超，王中生，安树青，等，2008. 濒危植物银缕梅(Parrotia subaequalis)不同径级个体的光合能力差异与更新限制[J]. 生态学报，28(9)：4153-4161.

杨武亮，姚振生，1996. 半枫荷类药用植物的种类资源[J]. 中国野生植物资源，(2)：20-21.

杨武亮，姚振生，舒任庚，等，1996. 半枫荷生药组织学的探讨 [J]. 时珍国药研究，7(4)：203-204.

杨意，钟晓青，2008. 野生红花荷属植物的驯化 [J]. 花木盆景 (花卉园艺)，(2)：47-48 .

姚振生，刘贤旺，刘庆华，等，1994. 半枫荷类药用植物的种类及鉴别 [J]. 江西中医学院学报，(2)：38-46.

姚志刚，王中生，颜超，等，2010. 濒危植物银缕梅幼苗对不同光强的光合响应 [J]. 南京林业大学学报，自然科学版，34(3)：88-89.

张宏达，1973. 中国金缕梅科植物订正 [J]. 中山大学学报：自然科学版，(1)54-71.

张宏达，1979. 中国植物志：第 35 卷第 2 分册 . [M]. 北京：科学出版社，36-116.

张宏达，黄云晖，缪汝槐，等，2004. 种子植物系统学 [M]. 北京：科学出版社，81-86.

张宏达文集编写组，1995. 张宏达文集 [M]. 广州：中山大学出版社，188-196，312-328 .

张嘉茗，廖育艺，谢国文，等，2013. 国家珍稀濒危植物长柄双花木的种群特征 [J]. 热带生物学报，4(1)：75-80.

张金谈，1958. 枫香属现代的和某些化石的花粉形态特征 [J]. 植物学报，7(4)：215-229.

张金谈，1979. 从孢粉形态特征试论植物某些类群的分类与系统发育 [J]. 植物分类学报，17(2)：1-78.

张颖，负酷，牛蓓，等，2008. 药用半枫荷植物资源研究 [J]. 中国农学通报，24(8)：432-434.

曾介凡，钟智群，张志海，等，2000. 红花荷引种试验研究 [J]. 湖南林业科技，27(2)：21-25.

中国科学院华南植物研究所，1987. 广东植物：第 1 卷 . [M]. 广州：广东科技出版社，151-167.

中国科学院植物研究所，1980. 高等植物图鉴 [M]. 北京：科学出版社，155-169 .

钟象景，张粤，2006. 广东象头山国家级自然保护区红花荷植物群落特征分析 [J]. 广东林业科技，22 (3)：26-31.

周光雄，杨永春，石建功，等，2002. 金缕半枫荷化学成分分析 [J] 中草药，33(7)：589-591.

朱报著，谢金链，张方秋，等，2010. 广东红花荷属植物花期和花形态结构研究 [J]. 华南农业大学学报，31(3)：16-18.

朱报著，徐斌，张方秋，等，2011. 广东红花荷属植物野生花卉观赏类型划分 [J]. 广东农业科学，(1)：69-72.

朱报著，徐斌，张方秋，等，2011. 红花荷盆栽基质研究 [J]. 广东农业科学，(15)：33-36.

朱汤军，岳雷春，金水虎，2008. 银缕梅和伴生植物光合生理生态特性比较 [J]. 浙江林业科技，25(2)：176-18X.

Angiosperm Phylogeny Group, 2016. An update of the Angiosperm Phylogeny Group classification for the orders and families of flowering plants: APG IV[J]. Botanical Journal of the Linnean Society, 181(1): 1-20.

BARABÉ D, BERGERON Y, VINCENT G, 1987. La réartition des caractères dans la classification des Hamamelididae (Angiospermae). Can J Bot, 65: 1756-1767.

BARABÉ D, 1984: Application du Cladisme à la systematique des Angiospermes: cas des Hamamoli dales. Candof fea, 39: 5170.

BARABÉ D, BERGERON Y, VINCENT G. 1982. Étude quantitative de la classification des Hamamelididae. Taxon, 31(4): 619-645.

BEHNKE H D. 1989. Sieve-element plastids, phloem proteins, and the evolution of flowering plants. IV Hamamelidae. In:Crane, P R , Blackmoe, S: Evolution, Systematics, and Fossil History of the Hamamelildae: Vol. I. [M]. Oxford: Clarendon Press, 105-128.

PETER K ENDRESS, 1977. Evolutionary trends in the Hamamelidales-Fagales-Group. Plant Systematics and Evolution, suppl, 1: 321-347.

JOHN A WOTT, 2017. Parrotiopsis jacquemontiana A Collector's Plant for Every Garden, Washington Park Arboretum Bulletin, Spring, 21-22.

附录 1　各参编植物园栽培金缕梅科植物种类统计表

序号	中文名	拉丁名	华南园	南京园	杭州园	昆明园	武汉园	辰山园	版纳园	峨眉园	庐山园
1	蕈树	*Altingia chinensis* (Champ.) Oliver ex Hance	1	1	1		1				
2	细青皮	*Altingia excelsa* Noronha							1		
3	细柄蕈树	*Altingia gracilipes* Hemsl.	1	1	1		1	1			
4	薄叶蕈树	*Altingia tenuifolia* Chun ex Chang	1								
5	云南蕈树	*Altingia yunnanensis* Rehd. et Wils.	1	1		1					
6	腺蜡瓣花	*Corylopsis glandulifera* Hance		1	1			1			
7	灰白蜡瓣花	*Corylopsis glandulifera* var. *hypoglauca* (Cheng) Chang							1		
8	瑞木	*Corylopsis multiflora* Hance	1	1	1		1		1		
9	峨眉蜡瓣花	*Corylopsis omeiensis* Yang								1	
10	阔蜡瓣花	*Corylopsis platypetala* Rehd. et Wils.				1					
11	蜡瓣花	*Corylopsis sinensis* Hemsl.		1		1		1	1	1	
12	秃蜡瓣花	*Corylopsis sinensis* var. *calvescens* Rehd.				1					1
13	红药蜡瓣花	*Corylopsis veitchiana* Bean								1	
14	绒毛蜡瓣花	*Corylopsis velutina* Hand.-Mzt.				1				1	
15	四川蜡瓣花	*Corylopsis willmottiae* Rehder & E. H. Wilson				1					
16	滇蜡瓣花	*Corylopsis yunnanensis* Diels					1				
17	长柄双花木	*Disanthus cercidifolius* Maximowicz subsp. *longipes* (H. T. Chang) K. Y. Pan			1		1				1
18	小叶蚊母树	*Distylium buxifolium* (Hance) Merr.		1	1		1				
19	圆头蚊母树	*Distylium buxifolium* var. *rotundum* Hung T. Chang	1							1	
20	中华蚊母树	*Distylium chinense* (Fr.) Diels	1	1			1	1			
21	鳞毛蚊母树	*Distylium elaeagnoides* H. T. Chang	1								
22	大叶蚊母树	*Distylium macrophyllum* H. T. Chang	1				1				
23	杨梅叶蚊母树	*Distylium myricoides* Hemsl.	1	1	1	1					
24	亮叶蚊母树	*Distylium myricoides* var. *nitidum* Hemsl. Chang					1	1		1	
25	蚊母树	*Distylium racemosum* Siebold & Zuccarini		1				1		1	
26	马蹄荷	*Exbucklandia populnea* (R. Br.) R. W. Brown					1				
27	大果马蹄荷	*Exbucklandia tonkinensis* (Lec.) Steenis	1				1				
28	牛鼻栓	*Fortunearia sinensis* Rehder & E. H. Wilson		1			1	1			
29	日本金缕梅	*Hamamelis japonica* Siebold et Zucc.									1
30	金缕梅	*Hamamelis mollis* Oliver		1	1		1				1
31	缺萼枫香树	*Liquidambar acalycina* H. T. Chang		1	1	1				1	
32	枫香树	*Liquidambar formosana* Hance		1	1	1	1	1			
33	苏合香	*Liquidambar orientalis* Mill.									
34	北美枫香	*Liquidambar styraciflua* L.		1			1			1	
35	檵木	*Loropetalum chinense* (R. Br.) Oliver		1	1	1	1				
36	红花檵木	*Loropetalum chinense* var. *rubrum* Yieh		1	1	1	1			1	
37	壳菜果	*Mytilaria laosensis* Lecomte				1				1	
38	银缕梅	*Parrotia subaequalis* (H. T. Chang) R. M. Hao & H. T. Wei		1	1	1		1			
39	波斯银缕梅	*Parrotia persica* (DC.) C. A. Mey.						1			

235

（续）

序号	中文名	拉丁名	华南园	南京园	杭州园	昆明园	武汉园	辰山园	版纳园	峨眉园	庐山园
40	白缕梅	*Parrotiopsis jacquemontiana* (Decne.) Rehder						1			
41	红花荷	*Rhodoleia championii* Hooker	1				1				
42	小花红花荷	*Rhodoleia parvipetala* Tong				1					
43	半枫荷	*Semiliquidambar cathayensis* H. T. Chang	1								
44	长尾半枫荷	*Semiliquidambar caudata* H. T. Chang			1						
45	细柄半枫荷	*Semiliquidambar chingii* (Metcalfe) H. T. Chang			1						
46	山白树	*Sinowilsonia henryi* Hemsley		1				1		1	
47	尖叶水丝梨	*Sycopsis dunnii* Hemsley	1								
48	樟叶水丝梨	*Sycopsis laurifolia* Hemsley				1					
49	水丝梨	*Sycopsis sinensis* Oliver		1	1		1	1		1	
50	滇水丝梨	*Sycopsis triplinervia* H. T. Chang				1					
51	三脉水丝梨	*Sycopsis tutcheri* Hemsley						1			
52	钝叶水丝梨	*Sycopsis yunnanensis* H. T. Chang	1								
53	四药门花	*Tetrathyrium subcordatum* Bentham	1								
合计			21	27	20	18	17	12	9	7	4

注：表中"华南园""南京园""杭州园""昆明山""武汉园""辰山园""版纳园""峨眉园""庐山园"分别为中国科学院华南植物园、江苏省中国科学院植物所南京中山植物园、杭州植物园、上海辰山植物园、中国科学院昆明植物研究所昆明植物园、中国科学院西双版纳热带植物园、四川省自然资源科学研究院峨眉山生物资源实验站、江西省中国科学院庐山植物园的简称。

（续）

附录2 各参编植物园地理位置和自然环境介绍

江苏省中国科学院植物研究所南京中山植物园

坐落于南京市东郊风景区内，北纬31°14′~32°37′，东经118°22′~119°14′，海拔20~76m的低山丘陵坡地，地带性植被为被亚热带落叶常绿阔叶混交林，属北亚热带季风气候区，年平均气温14.7℃，极端最高气温41℃（1988年），极端最低温度-23.4℃（1969年），气候温和。年平均降水量1000.4mm，降水主要集中在6~9月，占全年降水量的59.2%。无霜期237天。土壤为山地黄棕壤，pH5.0~6.2。

中国科学院华南植物园

位于广州东北部，地处北纬23°10′，东经113°21′，海拔24~130m的低丘陵台地，地带性植被为南亚热带季风常绿阔叶林，属南亚热带季风湿润气候，夏季炎热而潮湿，秋冬温暖而干旱，年平均气温20~22℃，极端最高气温38℃，极端最低气温0.4~0.8℃，7月平均气温29℃，冬季几乎无霜冻。大于10℃年积温6400~6500℃，年均降水量1600~2000mm，年蒸发量1783mm，雨量集中于5~9月，10月至翌年4月为旱季；干湿明显，相对湿度80%。干枯落叶层较薄，土壤为花岗岩发育而成的赤红壤，砂质土壤，含氮量0.068%，速效磷0.03mg/100g土，速效钾2.1~3.6mg/100g土，pH 4.6~5.3。

中国科学院昆明植物研究所昆明植物园

位于昆明北郊，地处北纬25°01′，东经102°41′，海拔1990m，地带性植被为西部（半湿润）常绿阔叶林，属亚热带高原季风气候。年平均气温14.7℃，极端最高气温33℃，极端最低气温-5.4℃，最冷月（1月、12月）月均温7.3~8.3℃，年平均日照2470.3h，年均降水量1006.5mm，12月至翌年4月（干季）降水量为全年的10%左右，年均蒸发量1870.6mm（最大蒸发量出现在3~4月），年平均相对湿度73%。土壤为第三纪古红层和玄武岩发育的山地红壤，有机质及氮磷钾的含量低，pH 4.9~6.6。

杭州植物园

位于浙江省杭州市西湖风景名胜区西北部，背倚群山，东接岳王庙，西毗灵隐寺，占地228.74hm²，地处北纬30°15′，东经120°16′，海拔10~165m。地带性植被以亚热带常绿阔叶林为主；属亚热带季风性气候，四季分明，冬夏季风交替明显。年平均温度16.1℃，极端最高气温41℃，极端最低气温-10.5℃，1月平均气温3.6℃，7月平均气温28.7℃；年平均降水量1400mm，主要集中在6~8月，相对湿度65%~85%；年日照时数为1900~2000h；土壤属红壤，pH4.9~6.5。

上海辰山植物园

位于北纬31°04′，东经121°10′。园区大部分地势平坦，海拔2.8~3.2m，辰山山体最高点海拔为71.4m。辰山植物园地处北亚热带季风湿润气候区，四季分明，年平均气温15.6℃，无霜期230天，年平均日照1817h，降水量1213mm，极端最高气温37.6℃，极端最低气温-8.9℃。园区内河流湖泊纵横交错，如南北走向的辰山塘、东西走向的沈泾河，园区整体地下水位高。土壤pH呈中性或微碱性，有机质平均含量4.01%，质地黏重。

中国科学院西双版纳热带植物园

位于云南省西双版纳傣族自治州勐腊县勐仑镇，占地面积1125hm²。地处印度马来热带雨林区北缘（北纬20°4′，东经101°25′，海拔550~610m）。终年受西南季风控制，热带季风气候。干湿季节明显，年平均气温21.8℃，最热月（6月）平均气温25.7℃，最冷月（1月）平均气温16.0℃，终年无霜。根据降雨量可分为旱季和雨季，旱季又可分为雾凉季（11月至翌年2月）和干热季（3~4月）。干热季气候干燥，降水量少，日温差较大；雾凉季降水量虽少，但从夜间到次日中午，都会存在大量的浓雾，对旱季植物的水分需求有一定补偿作用。雨季时，气候湿热，水分充足，降水量1256mm，占全年的84%。年均相对湿度为85%，全年日照数为1859h。西双版纳热带植物园属丘陵–低中山地貌，分布有砂岩、石灰岩等成土母岩，分布的土壤类型有砖红壤、赤红壤、石灰岩土及冲积土。

中国科学院武汉植物园

位于武汉市东部东湖湖畔，地处北纬30°32′，东经114°24′，海拔22m的平原，地带性植被为中亚热带常绿阔叶林，属北亚热带季风性湿润气候，雨量充沛，日照充足，夏季酷热，冬季寒冷，年均气温15.8~17.5℃，极端最高气温44.5℃，极端最低气温–18.1℃，1月平均气温3.1~3.9℃，7月平均气温28.7℃，冬季有霜冻。活动积温5000~5300℃，年降水量1050~1200mm，年蒸发量1500mm，雨量集中于4~6月，夏季酷热少雨，年平均相对湿度75%。枯枝落叶层较厚，土壤为湖滨沉积物上发育的中性黏土，含氮量0.053%，速效磷0.58mg/100g土，速效钾6.1~10mg/100g土，pH 4.3~5.0。

四川省自然资源科学研究院峨眉山生物资源实验站

位于四川省风景名胜区峨眉山中山区，北纬29°35′40″，东经103°22′40″，为邛崃山南段余脉，海拔约800m，属中亚热带季风气候区，雨量充沛，年均气温17.2℃，极端最高气温38.2℃，年均降水量1750mm，常年相对湿度80%。土壤类型为黄壤和山地黄壤。

中国科学院庐山植物园

位于江西省北部，地处北纬29°35′，东经115°59′，海拔1000~1360m的庐山东南部含鄱口侵蚀沟谷，地带性植被为中亚热带常绿阔叶林，属于亚热带北部山地湿润性季风气候，春季潮湿，夏季凉爽，秋季干燥，冬季寒冷，年均气温11.4℃，极端最高气温32.8℃，极端最低气温–16.8℃；年均降水量1917.8mm，比同纬度丘陵地区多500mm左右，其中4~7月的降水量约占全年降水量约占全年降水量的70%，年均相对湿度80%。土壤为砂岩或石英砂岩发育而成的山地黄壤和黄棕壤为主，有机质6.3%~12.6%，碱解氮261.8~431.3mg/kg，速效磷1.1~4.9mg/kg，pH 3.8~5.1。

中文名索引

拉丁名索引

致谢

本书的出版承蒙以下单位及专家的大力支持。

主持单位

中国科学院植物研究所南京中山植物园

参加单位

中国科学院华南植物园

中国科学院昆明植物研究所昆明植物园

杭州植物园

上海辰山植物园

中国科学院武汉植物园

中国科学院西双版纳热带植物园

四川省自然资源科学研究院峨眉山生物资源实验站

中国科学院庐山植物园

为本书提供支持和帮助的单位及个人

中国科学院华南植物园：廖景平　张　征　湛青青　曾佑派　周欣欣　谢思明　黄逸斌

江苏省中国科学院植物研究所南京中山植物园：宇文扬　郭忠仁　佟海英　任全进　李　亚
　娄文睿　陈迎辉

中国科学院西双版纳热带植物园：施济普　景兆鹏　朱仁斌　刘　勐

中国科学院昆明植物园：孙卫邦　高　富　张亚洲

中国科学院庐山植物园：张乐华

四川省自然资源科学研究院峨眉山生物资源实验站：李策宏　李小洋

广西壮族自治区中国科学院广西植物研究所：周太久　盘　波

在此，谨对所有支持、帮助本书撰写的单位和专家表示最衷心的感谢！